体育艺术与
幼儿感觉统合

主　编：蔡晓冰　吴玉琼　杜熙茹

副主编：何金妮　鄢　然　莫增煜

编委（排名不分先后）：

肖　莉　丁波铃　石鲤维

刘贻辉　董　晨　张　震

哈杨妮　张艺文

广东高等教育出版社

Guangdong Higher Education Press

·广州·

图书在版编目（CIP）数据

体育艺术与幼儿感觉统合/蔡晓冰，吴玉琼，杜熙茹主编. —广州：
广东高等教育出版社，2023.12
ISBN 978-7-5361-7466-5

Ⅰ.①体⋯　Ⅱ.①蔡⋯ ②吴⋯ ③杜⋯　Ⅲ.①学前儿童—感觉
统合失调—训练　Ⅳ.① B844.12

中国国家版本馆 CIP 数据核字（2023）第 133059 号

TIYU YISHU YU YOU'ER GANJUE TONGHE

书　　名	体育艺术与幼儿感觉统合
出版发行	广东高等教育出版社
	社址：广州市天河区林和西横路　电话：（020）87554153　38493773
	http://www.gdgjs.com.cn
印　　刷	广州希扬印刷有限公司
开　　本	787 毫米 ×1 092 毫米　　1/16
印　　张	10.25
字　　数	246 千
版　　次	2023 年 12 月第 1 次
印　　次	2023 年 12 月第 1 次
定　　价	28.00 元

如发现印装质量问题，请直接与印刷厂联系调换。

前言

　　本书是广东省特殊教育精品课程建设项目"幼儿园感统活动体系构建与实施（项目编号：2021tsjyjpkc03）"的研究成果之一，比较完整地阐述了在体育艺术手段干预下的幼儿感觉统合能力发展内容。我院作为普通幼儿园，获得特殊教育精品课程立项后，为更好地对感统活动体系进行实践研究，我院成立了精品课程小组，并对如何将精品课程扎实开展做出战略部署。首先是梳理我院20多年来感统活动开展情况，再是通过与广州体育学院、华南理工大学、华南师范大学等高校联合，对幼儿感觉统合能力的理论与实践做进一步的研究。在不断地实践与探索中，我们发现，常规的感觉统合训练对于3~6岁阶段的幼儿虽然有一定的影响，但是活动形式单一、练习动作多次重复。常规的体育课程虽然对幼儿身心发展具有良好的影响，但没有针对感觉统合的前庭功能进行干预，而体育艺术活动的教学内容则是根据感觉统合能力进行针对性教学。因此，通过不断地实验与教研，结果证明：体育艺术与感觉统合活动相结合，幼儿参与程度高，感觉统合能力的提升效果较为显著。所以，我们有了将体育艺术与幼儿感觉统合编辑成书的大胆设想。

　　感觉统合活动是结合幼儿身心发育特点，以游戏为主要实施手段有针对性地开展练习活动。感统活动能够在一定程度上对感觉统合能力失调的幼儿具有改善的作用，对正常幼儿在平衡能力、灵敏与协调能力、本体感觉等方面也有一定的提高作用。

　　体育艺术是以各种形式的体育、文艺及文体表演为表现素材，以身体活动为主要表现形式，以满足幼儿身心和谐为前提，以展现良好精神风貌及优美形体为主要目的，配合音乐、舞蹈等相关艺术元素，形象具体地反映或再现社会生活，体现体

育精神的综合性活动。

　　本书以《幼儿园教育指导纲要（试行）》和《3-6岁儿童学习与发展指南》为指导，为满足学前教育事业发展、幼儿教师工作及幼儿家庭教育的需求而进行创编的。坚持以幼儿为中心，以促进幼儿健康发展为宗旨，关注幼儿全面发展。结合幼儿身心发展规律与认知特点，以幼儿体育艺术活动为练习手段将感觉统合训练情境化、游戏化。主要内容包括：感觉统合能力的基本体育艺术游戏的创编技巧和指导方法，介绍最前沿的感觉统合练习中的基本幼儿徒手操和持轻器械操。

　　本书不仅可作为高等师范院校的本、专科教育教材的辅助读物，也可以作为广大幼儿教师教学及健身娱乐活动的组织者与参加者的参考用书。参加编写的人员分工如下：第一章　感觉统合理论由董晨、杜熙茹编写，主要论述感觉统合理论基础，从幼儿年龄段的不同层次，介绍感觉统合的理论；第二章　感觉统合的练习方法由蔡晓冰、张震编写，主要论述幼儿感觉统合练习主要方法，并从幼儿年龄特点进一步分析平衡觉、触觉、本体位觉三种能力；第三章　幼儿感觉统合失调的特征与评估由哈杨妮、吴玉琼编写，主要论述不同年龄段幼儿感统失调的特征，对幼儿感觉统合失调的评估内容做出相应的调整；第四章　体育艺术活动由张艺文、鄢然编写，主要论述幼儿园体育艺术活动的开展与普及情况，并结合感觉统合论述体育艺术在幼儿阶段对感觉统合能力的影响；第五章　体育艺术徒手与感统练习由何金妮、肖莉、丁波铃编写，主要论述体育艺术徒手操与感统练习的方法与实施途径；第六章　体育艺术器械与感统练习由石鲤维、刘贻辉编写，主要论述体育艺术器械与感统练习的方法与实施途径；第七章　体育艺术与特殊儿童感统练习由莫增煜、哈杨妮编写，通过案例分析研究，表明体育艺术对幼儿感觉统合能力的提升有积极作用。各章节中的照片由莫增煜、石鲤维、刘贻辉老师拍摄。本书由蔡晓冰、杜熙茹、吴玉琼、莫增煜、何金妮、鄢然负责修改与定稿。

　　书中不足之处，敬请学前教育界、体育界专家和广大读者批评、指正。

编　者

2023 年 10 月

目录

感觉统合理论

感觉统合体适能训练是结合幼儿身心发育特点，以游戏为主要实施手段有针对性地开展的体适能训练。感统活动能够在一定程度上对感觉统合能力失调的幼儿有改善的作用；对正常幼儿的平衡能力、灵敏与协调能力、本位感觉等方面也有一定的提高作用。

◆ 了解幼儿生长发育过程中的生理和心理特点。

◆ 熟悉幼儿感觉统合的分类。

◆ 掌握感统能力对幼儿身心发展所起到的作用。

第一节　感觉统合概述

　　个体在胚胎发育时期就开始进行感觉功能的发展，如胎儿能感受到手电筒照射母体肚皮带来的光照刺激。因此新生儿出生后就具备了感知世界的能力。随着年龄的增长和身体的不断发育，进而形成了对个体自身及身体以外的环境的认知。从出生起至幼儿阶段，个体能力的发展主要为感觉和运动两个方面，具体表现为感知、运动、生活、语言、社会适应等能力。个体在婴儿（0～11个月）和幼儿（1～6岁）阶段都是通过身体多个感知系统及运动系统的相互协调配合来实现感知和认识世界的。如通过触觉辨别物体的大小、形状；通过视觉感知物体的颜色、光线的明暗程度；通过本体觉和前庭觉学会运动方式和控制姿势。在感知过程中，个体实现身体从反射性肢体活动（大运动的发展）到有意识地发展精细动作，从而逐渐掌握吸吮、自由抓握、翻身、坐立、爬行、行走、吃饭、穿衣、游戏、读写及语言表达等身体技能。

一、感觉

　　个体对客观事物的认知往往是从单一的属性开始的。见图1-1的橙子，用眼睛看一看，其颜色为橘色、形状为圆形；用鼻子闻一闻，是果香的气味；用手摸一摸，圆形的果实皮不太光滑；用嘴巴尝一尝，是酸甜的味道；用手掂一掂，是有一定重量的。我们看到的橙子的颜色是由橙子表面反射的一定波长的光波表现而成的；看到的橙子的形状是橙子外围轮廓线条在光反应的作用下反射至眼睛而呈现的；果香的气味是果香气味分子随着空气飘入鼻腔，引发一系列的酶级联反应；用手感受到橙子皮表面的不光滑感是由于手部皮肤接触橙子表面而产生的；甜味是橙子果肉的一些化学物质作用于舌头的味蕾而产生的；用手感受到橙子的重量是由于地心引力的作用，橙子对于皮肤表面的压迫而产生的。通过上述描述可知，我们的大脑在接受和加工这些属性和认识这些属性的过程中就形成了感觉。

图 1-1 橙子

感觉（sensation）是神经系统对外界刺激的反应，是在感受器和效应器相互密切配合后产生的。感受器在接受了个体内部或外部的一种或多种刺激后，将这些刺激转换为神经冲动并传导至中枢神经。效应器接收并传递神经中枢发出的指令后使机体产生了相应的应答性活动。根据刺激源及其所作用感官的性质，将感觉分为外部感觉和内部感觉。外部感觉即接受外部环境的刺激，如视觉、听觉、嗅觉、味觉、肤觉；内部感觉即接受机体内部的刺激，如运动觉、平衡觉、内脏感觉等。

人维持正常生活需要社交、需要感知外界的事物，感觉对个体获得生存信息起必要作用。感觉剥夺实验结果显示，对个体的"感觉剥夺"（sensory deprivation）而造成人体获取外界信息的不足时，随着时间的推移会使人体产生失眠、自言自语、焦躁不安等不良反应。

感觉是一切认知活动的基础，能够为个体提供外部环境信息，让个体感知、认识世界。人们可以通过感觉来辨识物体的颜色、光的明暗程度、气体的气味、食物的味道等而了解物体的各种属性。如修车师傅通过听觉判断汽车发动机的故障之处，天文学家通过天文望远镜观测行星的变化，化学家通过观察或触摸来感知化学反应产生的光和热、颜色、气味等物体性质发生的改变。

感觉能够通过外部信息与机体内部信息的相互传递，使机体做出相应调整而达到稳态平衡。个体感觉到自身饥饿、口渴、寒冷等状态，采取进食、饮水、保暖等措施能维持自身机能状态平衡。

感觉是人的全部心理现象的基础。个体通过感觉器官获取相关信息后，经过一系列的信息传递、决策、输出等信息传递过程，来完成人的知觉、记忆、思维、惊吓等复杂的心理活动。

感觉是人类认知及人的全部心理现象的基础，感觉提供了人体内部、外部环境的信息，保持着机体与环境的信息平衡。总而言之，感觉对人认知及帮助其适应周围环境有着重要的作用。

二、感觉统合理论的提出

纵观感觉统合理论的发展历程，各国学者对感觉统合的发生机制有着不同的观点。感觉统合理论起初是建立在脑神经科学基础之上，最早出现在 1906 年。后在 1969 年由英国神经生理学家谢灵顿（Sherrington C. S.）和美国行为主义心理学家拉什利（Lashley K. S.）提出。20 世纪 40 年代，加拿大心理学家、认知心理生理学家赫布（Hebb）在研究人脑感觉和运动的交互作用时发现，人的知觉、思维等心理活动是神经系统相互连接的结果，由此在感觉统合领域完成了脑神经科学和心理学两个学科的交叉融合。

美国南加州大学临床心理学博士艾尔斯（Ayres A. J.）于 1972 年系统地整合并提出了感觉统合理论。早期 Ayres A. J. 在对学习困难儿童的训练中发现，儿童学习效率低的主要原因是儿童某些方面出现了异常表现或能力障碍而并非存在智力问题，恰恰相反的是其中有些儿童的智商相对较高。这些儿童无论智商高或低，都在情绪控制、手眼协调、双侧协调、触觉反应等能力上出现异常表现，主要表现为触觉过敏、防御或触觉迟钝、依赖等，或是一些儿童在专注力、记忆力等方面有明显的障碍。Ayres A. J. 发现，儿童从事学习活动的机制是其身体的感受器官向大脑输入信息，由大脑对这些信息进行解释、整理、组织、整合，再由身体器官与肢体做出反应。

Ayres A. J. 以个体大脑信息传递过程为基础，认为个体的情感、思维、记忆、注意等心理活动的过程及状态并不是由大脑皮层的某个区域独立完成的，而是一种信号传递的过程。这种信号传递的过程实际上是一类信息在不同时间和空间以某种信号的形式存储在大脑皮层，再在大脑皮层的相应功能区域进行联系和统一解释的结果。[①]学者们在此基础上进一步提出，个体的推理、注意、思维和记忆等能力及其相应的心理行为、情感、认知过程，主要是大脑对感觉信息的联系、比较、控制、选择和增强作用，并对自身不同区域传递的信息加以整合的过程。

因此，感觉统合理论是建立在现代神经科学与脑科学的基础上，由心理学、医学、教育学、脑神经学融合而产生的理论。运用该理论解释个体各感觉系统与运动系统间的协调配合机制，同时还可尝试用于解释中枢内外信息交流、协调和统整的机制。[②]因此学界认为，感觉统合是大脑在环境适应过程中对外界环境信息所做出的一系列正确应答反应，见图1-2。

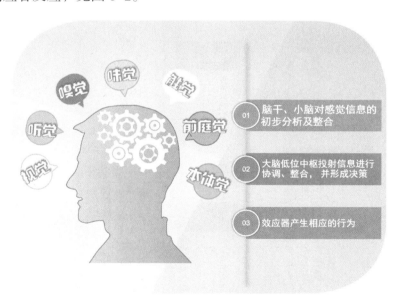

01　脑干、小脑对感觉信息的初步分析及整合

02　大脑低位中枢投射信息进行协调、整合，并形成决策

03　效应器产生相应的行为

图1-2　感觉统合的脑机制图

图1-2所示，当人体受到外界刺激（如光反射、声音、气味、味道、温度、重

---

① AYRES A J. Improving academic scores through sensory integration [J]. journal of learning disabilities, 1972, 5(6): 338−343.

② 王和平. 特殊儿童的感觉统合训练[M]. 2版. 北京：北京大学出版社，2019：9.

力、触压等），脑干、小脑对感知到的感觉信息进行初步分析和整合；经由大脑低位中枢对投射信息进行协调、整合并形成决策；将决策信息传导至效应器，最终由人体相应的器官或肢体产生相应的行为。

三、感觉统合的概念

感觉统合（Sensory Integration，简称 SI），人体凭借感觉器官，以不同的感觉通路（视觉、听觉、味觉、嗅觉、触觉、前庭觉和本体觉等）从外界环境中获取信息并传递至大脑，大脑接收到信息后进行识别、分析、整合等一系列的流程后做出决策并发出指令，通过分支神经指挥身体相应器官或相应部位做出适应性反应的神经心理过程。

四、感觉统合的神经心理机制

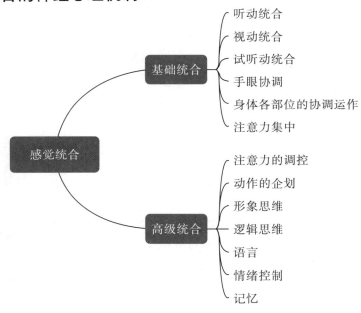

图 1-3　感觉统合分类

感觉统合是大脑与身体相互协调的过程，让我们身心感到舒适或者做出相对应的动作。感觉统合分为基础统合和高级统合两种（见图 1-3），其中基础统合类属神经行为学范畴，高级统合类属心理学范畴。上文阐述了感觉统合是一门交叉融合科学，因此在理解感觉统合概念时，不应将以上两个学科范畴截然分开。

　　人体的大脑分为左脑和右脑两个半球，是个体心理活动的主要中枢。如图 1-4 所示，大脑皮层分布着深浅不一的沟和裂，沟裂间隆起的部分是脑回。人体的大脑有三条大的沟和裂，分别为中央沟、外侧裂、顶枕裂。大脑皮层是最高级的运动控制中枢，中央沟、外侧裂、顶枕裂将大脑半球划分为颞叶、枕叶、顶叶、额叶四个区域，不同的区域有着不同的机能（见表 1-1），控制着语言、听觉、视觉、躯体运动、感觉等多个中枢。

注：①为中央沟，②为外侧裂，③为顶枕裂

图 1-4　大脑皮层分区及个体行为

表 1-1　大脑皮层区域机能及其对应的个体能力

大脑皮层区域名称	脑区功能及感觉中枢分布	个体能力	
		左半球	右半球
颞叶	以听觉功能为主，听觉中枢位于颞上回和颞中回处	听觉辨识 语言理解	听觉感觉 音乐欣赏
枕叶	以视觉功能为主，视觉中枢位于枕叶的枕极	视觉辨识 观察理解	视觉感受 图像欣赏
顶叶	以躯体感觉功能为主，中央后回是躯体感觉中枢	体觉辨识 操作理解	体觉感受 工艺欣赏

续上表

大脑皮层 区域名称	脑区功能及感觉中枢分布	个体能力	
		左半球	右半球
额叶	以躯体运动功能为主，中央前回是躯体运动中枢	逻辑推理 语言功能 沟通管理 计划判断	空间想象 构思凝想 创造领导 目标憧憬

与此同时，大脑的两半球大脑皮层各区域有着不同的主要功能，同时还肩负着其他次要功能。大脑左半球主要负责语言、读写、数学运算和逻辑推理等；大脑右半球主要负责直觉物体的空间关系、情绪、欣赏音乐和艺术等。此外，大脑皮层还可以直接控制放置反射、单腿平衡反应、视觉反正反射和皮层抓握反射，实现对功能活动所需的快速、精确的运动调节。

五、感觉统合对幼儿身心健康的重要性

幼儿时期是个身体素质、心理发展、人格塑造、大脑神经发育的窗口期，对个体的全面发展奠定了至关重要的基础。如何促进 3～6 岁幼儿身心健康全面发展尤为重要。2018 年，国内首部《学龄前儿童（3～6 岁）运动指南》发布，指出"学龄前儿童的运动应符合其身心发育特点，应以愉快的游戏为主要形式"，"全天内各种类型的身体活动时间应累计达到 180 分钟以上。其中，中等及以上强度的身体活动累计不少于 60 分钟"。针对我国学龄前儿童户外活动不足的现状，建议"每天应进行至少 120 分钟的户外活动"，同时还特别强调了"运动的多样性以及强度的重要性"[1]。2019 年发布的《健康中国行动——儿童青少年心理健康行动方案》，强调了要"落实儿童青少年心理行为问题和精神障碍的预防干预措施"[2]。

感觉是一切认知活动的开端，是维持正常生活及日常学习的基础，感觉统合能

---

① 国内首部《学龄前儿童（3～6 岁）运动指南》在京发布[EB/OL].（2018-06-09）[2022-12-19]. http://www.gov.cn/xinwen/2018-06/09/content_5297480.htm.

② 关于印发《健康中国行动——儿童青少年心理健康行动方案（2019—2022 年）》的通知[EB/OL].（2019-12-27）[2022-12-19]. http://www.gov.cn/xinwen/2019-12/27/content_5464437.htm.

力是个体最基本的技能，同时又是个体所产生的一项复杂的心理活动。随着我国一系列指导方案的发布，3～6岁幼儿的感统教育问题愈发成为大众普遍关注的问题。大众对幼儿感统训练有了新的认知，通过感觉统合训练锻炼大脑神经与肢体的反应，幼儿脑部神经得到锻炼，因此感觉统合训练不仅能改善孩子的运动能力、强健体魄，还能影响幼儿身心健康，促使其全面发展。此阶段是幼儿各种基本能力发展的关键时期，也是感统能力发展的关键时期。

六、幼儿感觉统合

幼儿感觉统合是3～6岁幼儿的神经与动作协调的总称。在此阶段，幼儿的体格、各器官的生理机制、机体代谢水平都得到了进一步发展，神经系统更加发达且各种信息传递通道间的联系和交流更加紧密。幼儿各类感觉及运动系统能够较好地完成配合并实现各系统间的协同运作。同时，随着认知、学习能力的进一步提升，幼儿身体空间方位的感知、身体协调性、语言表达能力、专注力、记忆力、情绪控制能力都有了较好发展。

第二节　幼儿感觉统合的发展

一、幼儿感觉统合的发展阶段

在幼儿感觉统合的发展过程中既离不开自身内在神经系统的作用，也离不开外在环境对感觉器官的刺激。幼儿感觉统合能力的发展受自身内在因素和外在环境因素共同作用力影响，并且两种因素必须同时具备，缺一不可。国际学界公认个体的感觉统合能力与神经系统发展阶段相似，故儿童的感觉统合能力发展分为三个阶段。

第一个阶段为初级感觉统合，这个阶段是从胚胎时期开始到3岁前。个体感觉能力初步发展，开始具备与外界进行互动的动作、感觉、语言等基本的社交能力。

但是胚胎时期及婴幼儿早期的感觉器官、运动器官、神经系统正处于发育的初级阶段，各类功能并未完善，个体感统水平非常低。乃至婴儿早期还不能够通过外界环境的变化而认识到自己已从母体剥离，婴儿此阶段还认为自己与母体是合为一体的。随着感觉器官发育的稳步进行，婴儿通过视觉、听觉、触觉等感知认识到自己所处环境与母体内环境发生的变化，从而认识到自己已经与母体剥离来到了新的世界。随着肌肉力量提升，大运动快速发展，婴儿由翻身逐渐学会趴、坐、爬、走等大运动技能。同时精细动作也在渐渐地发展，婴儿从徒手抓食物往自己嘴里喂到学会使用餐具往自己嘴里喂送食物。此外，认知能力、记忆力、规则意识等也在逐步地提升。婴儿能够通过听到的声音来辨别声源之处、通过辨认颜色来回忆物体，能够整理、取放自己的玩具并在使用完毕时将玩具收纳回原处等。语言功能也从单字或 AA、BB 的叠词逐步掌握语言的表达能力，有一部分幼儿已能够看图识字、背诵古诗、复述绘本故事。

第二个阶段为中级感觉统合，这个阶段是 3~7 岁。个体感受器官的技能进一步加强和发展，中枢神经开始具备了对不同类型信息的整合能力。在这一时期触觉、视觉、听觉、前庭觉以及本体觉都已经可以很好地担当系统内的任务，这段时期也被认为是感觉统合能力发展的关键时期。在此阶段幼儿的本体觉能力已经完善，幼儿能清楚区分自身的左右手及左右脚，能分清所在区域的空间方位（前后左右），也能认识回家或是通往幼儿园、游乐场等的路。在空间感、记忆力、协调、力量、耐力、灵敏性等共同作用下，幼儿除了跑步、跳跃等基本体育运动外，还逐步学会了排球、踢球、轮滑、跳绳等持器械运动，以及学会了模仿幼儿体操、健身操、舞蹈等操类运动。到 5 岁以后，幼儿可以在观察、模仿、记忆、协调中学习识字、写字，而后独立完成手工、画画、黏土玩偶等作品，还能学习钢琴、手风琴、架子鼓等乐器。

第三个阶段为高级感觉统合，这一阶段是从 7 岁至青春期阶段。在这个阶段个体的各感觉器官仍继续发展，并主要表现为量的积累。这一时期大脑各功能区的自动化水平已经达到了一定的高度，个体可以完成比较复杂的动作技能以及语言活动，已具备了社交能力、独立思考能力、学习能力等。

二、案例思考

案例1

有些家长认为不能让孩子输在起跑线，在小班阶段就开始给孩子报读数学思维、写字、儿童英语、口才表演、体育训练等各类培训班，占据了幼儿大量的课余时间。然而，对于幼儿园布置的手工、绘画作业则为之代劳。

请你谈一谈看法。

案例2

小班的幼儿已经在幼儿园学习和掌握了自主上厕所、洗手、自己吃饭、社交、物品收纳、穿衣穿鞋等技能。家长却会不自觉地给予帮助。

请你谈一谈看法。

三、幼儿感统发展的原则

经过上述两个案例的思考，想必已经得到了答案。幼儿的感统发展须以幼儿为中心，且在遵循幼儿自身发展的自然规律的前提下，科学地、循序渐进地对幼儿进行引导和教育。家长要保持平常心态，不要焦虑，更不要盲目跟风对幼儿进行超前教育，这违背了发展规律，揠苗助长很可能对孩子心理环境产生影响，导致厌学、注意力不集中等不良后果。具体如下：

（一）尊重幼儿感知事物的习惯

幼儿感知事物的习惯和其认知事物的过程中的行为习惯、所采用的方法、认知事物的诉求倾向有关。幼儿感知事物的习惯直接影响幼儿对事物的认知方法及后天的学习习惯。要充分尊重和保护幼儿的好奇心和学习兴趣，引导幼儿逐步养成积极主动、认真专注、敢于探索、大胆创新的好的学习习惯。因此在感统发展的过程中，要在保证幼儿安全的前提下引导幼儿感知、探索未知世界，遇到困难应引导幼儿发现问题—解决问题。

情景1

幼儿对灶台上的明火感兴趣，总想尝试用手去触碰感知。你认为下面A和B两位家长中的哪位做法是正确的，并从感觉统合的角度谈谈为什么这种做法是正确的（见图1-5）。

A家长严加呵斥并且告知幼儿不能碰明火，否则被烫到后会很疼。

B家长先告知幼儿明火很烫，当身体任何部位触碰到火焰都会被烫伤并且会非常疼。然后再握着幼儿的手试探性地靠近火焰，在保证幼儿安全及与火焰保持安全距离的前提下带着幼儿感受火焰的温度，同时随着离火焰距离越来越近使幼儿感受自己皮肤由弱到强的灼烧感。

图1-5　玩火危险

（二）尊重幼儿感知事物的年龄特点和方式

情景 2

　　幼儿总是喜欢用嘴巴去啃咬玩具。你认为下面 A 和 B 两位家长中的哪位做法是正确的，并从感觉统合的角度谈谈为什么这种做法是正确的。

　　A 家长告诉幼儿玩具很脏，不能用嘴巴咬。

　　B 家长先将玩具洗干净，然后再让幼儿用嘴巴咬。

　　幼儿在不同年龄段感知事物的方式有所不同，正如上述情景 2 婴儿阶段正处于嘴唇敏感期，多用嘴巴来感知事物、了解世界，他们除了啃咬玩具可能还会舔地板、啃鞋子，等等。在这个阶段若遭到家长非正确的干预，则会为后天感统能力的异常埋下祸根。因此家长要正确引导婴儿，啃咬安全卫生的磨牙玩具。在保证婴儿安全卫生的前提下，将物品清洗干净再交给婴儿啃咬或玩耍。应特别注意的是，为了避免婴儿将染色剂等有害健康的物质吸入体内，故在购买玩具时要买正规厂家生产的带有"CCC"标识的安全环保食品级材质的玩具。同时不要将过小的玩具交给婴儿，避免发生吞咽、窒息等事故。

　　成长到幼儿期，已经度过了嘴唇敏感期。此时幼儿通过视物、触摸等方式感知世界，该阶段应告诉幼儿什么东西能摸、什么东西不能摸，并告知其触碰的后果将怎样。同时家长、教师应正确引导幼儿去触碰事物、感知世界，培养幼儿正确的认知方式及安全意识。

第三节　各类感觉对幼儿发展的影响

一、视觉概念及对幼儿发展的影响

（一）视觉

视觉是光作用域物体反射至眼睛并由视觉神经系统加工而成的。视觉是个体最重要的感觉，是个体认识外界事物最直接的窗口，感知物体的大小、明暗、颜色、运动或静止。

（二）视觉对幼儿发展的影响

视觉直接影响幼儿感知事物、认识世界的能力。用眼睛看是幼儿感知事物、认识世界最基本的方式。幼儿接收的很多信息都是从视觉得来的。视觉异常指视觉注意力、视觉追视力、视觉记忆力、视觉辨别力发生异常，而非视觉障碍。视觉出现异常会造成对物体的长短、宽窄、颜色等特性识别异常。可表现为对图片、文字、符号、物品间的不同之处和相同之处分辨不清的现象；对数字、字母的顺序排列错乱，或是2与5、6与9等相似数字辨析不清，或是写字过大、不工整等；不能流利地阅读课文或是对自己阅读的内容不能产生形象概念。

二、听觉概念及对幼儿发展的影响

（一）听觉

听觉是个体将耳朵所接收到的声源刺激经觉察、分辨、辨识、理解后将信息分析成有意义的意象的历程。听觉的内容包括听觉注意力、辨识能力、听觉记忆能力、听觉理解能力、听觉编序能力和听觉混合能力6个方面。幼儿听觉发生异常一般是听觉注意力、辨识能力、记忆能力、理解能力、编序能力等方面的不足。

（二）听觉对幼儿发展的影响

听觉对幼儿社交及语言表达能力有影响。通常听觉辨识能力不足表现为幼儿"再—菜""光—刚""为—会"等相近读音的字词辨不清。听觉编序能力则影响了在社交过程中对信息来源的辨识程度。

听觉对幼儿学习能力有一定影响。听觉注意力不足直接导致幼儿听课、听写能力下降，同时由于课堂信息来源受损导致课程学习质量下降。听觉记忆能力、听觉理解能力、听觉编序能力、听觉混合能力的不足则会导致课题互动质量的下降。

三、味觉概念及对幼儿发展的影响

（一）味觉

味觉是指食物在人的口腔味蕾发生化学反应后产生的一种感觉。将舌头分为四个区域，舌尖是甜味区，两侧前半部是咸味区，后半部分是酸味区，近舌根部分是苦味区。

（二）味觉对幼儿发展的影响

味觉是人类在进化过程中选择食物的重要手段，也是幼儿最为发达的感知觉之一。婴儿在出生时味觉已发育得相当完好，能通过面部表情和身体活动等方式对甜、咸、酸、苦等四种基本味觉做出不同的反应，以选择自己爱吃的食物。

四、嗅觉概念及对幼儿发展的影响

（一）嗅觉

嗅觉是一种感觉，由物体发散于空气中的物质微粒作用于鼻腔上的感受细胞而引起。嗅觉的刺激物必须是气体物质，只有挥发性有味物质的分子，才能成为嗅觉细胞的刺激物。

（二）嗅觉对幼儿发展的影响

嗅觉一般采用产生气味的物质来命名，例如玫瑰花香、肉香、腐臭等。味觉和

嗅觉器官是我们的身体内部与外界环境沟通的两个重要出入口，它们担负着一定的警戒任务。敏锐的嗅觉，可以察觉并有选择性地避免有害气体进入我们体内（无色无味的有害气体不易察觉）。在营养方面，人们可以根据嗅觉和味觉分析器的协同活动，对不同的食物做出不同的反应。已有研究表明，新生儿具备察觉出各种气味的能力，如他们会躲避不喜欢的气味，或表现出厌恶的表情等强烈的反应。此外，新生儿还能由嗅觉建立食物性条件反射，并有初步的嗅觉空间定位能力。

五、触觉概念及对幼儿发展的影响

（一）触觉

触觉是指体表受到压力、牵引力等机械作用时相应的感受器所引起的肌肤感觉之一。广义的触觉包括牵引力、压力、接触等皮肤感觉，统称为"触压觉"。狭义的触觉指外界刺激或触碰人体相应部位所引起的肤觉。触觉感受器分布在人体全身各部位，且是人体各类感受器中类型最多、分布最广、承担感受任务最多的感受器。

（二）触觉对幼儿发展的影响

触觉是幼儿早期认识世界的主要途径之一，对幼儿的认知、情绪情感、社会交往、安全感、自我保护意识等的发展都起到非常重要的作用。如果触觉功能发展不完善或异常，会给幼儿多方面的能力发展带来不利的影响。在感统失调的幼儿中触觉功能异常是比较普遍的症状之一，所以触觉训练作为感觉统合训练的基本内容之一受到了越来越多家长和教师的重视。

六、前庭觉概念及对幼儿发展的影响

（一）前庭觉

前庭觉是指个体在受地心引力作用及个体躯体移动（特别是头部运动）刺激时形成的感觉。前庭觉的主要功能是调控和维持人体平衡，此外还具有对机体状态的辅助调节功能、维持中枢觉醒功能、选择与整合功能。

（二）前庭觉对幼儿发展的影响

前庭感受器位于内耳，结构独特，其感受的躯体活动信息传入中枢神经后与小脑及其他神经核建立广泛联系，参与人体的多种活动。前庭系统的发育从胚胎早期就开始，并经历胎儿期以及幼儿发育早期的漫长历程。前庭觉除承担调控躯体平衡功能之外，还广泛参与个体多种生理、心理活动，是人体重要的感觉系统之一，在幼儿感统训练中备受重视，被人们认为是平衡觉的代名词。在感统失调的幼儿中，前庭功能失调是最常见的失调类型，也是整个感觉统合失调问题的核心。对于幼儿来说，前庭觉的功能如果没有能够得到很好的发展会给幼儿的生活、学习以及其他心理活动等造成许多的不良影响，如无法完成协调的肢体运动、平衡控制差、注意力难以集中、写字不工整或串行、目光难以追踪事物、容易打翻或掉落物品等。因此，前庭功能的训练是整个感觉统合训练的核心和重点。

七、本体觉概念及对幼儿发展的影响

（一）本体觉

本体觉是个体感受自身所处空间位置、运动状态或运动状态发生改变的感觉。研究表明，本体觉发展情况与机体肌肉和关节的发育保持一致。本体觉的作用是在本体觉与中枢间信息交流和反馈调节的基础上，实现维持人的日常活动。

（二）本体觉对幼儿发展的影响

本体觉决定着幼儿运动企划的发展，在幼儿企划能力由高级向低级发展的过程中起着关键的作用。在本体觉正常的情况下，个体可以清楚地知觉自身躯体各部分所在的方位以及肢体运动或静止状态。幼儿成长发展的早期阶段的运动企划能力显得较为薄弱，行动晃荡，动作的稳定性和准确性都不高，但是随着脑功能发育水平的提高和活动刺激的积累，幼儿的运动企划能力会随之提高，在这一进阶过程中，本体觉的参与是非常关键的。良好的运动企划能力可以帮助幼儿动作流畅、连贯、高效，并保持姿态稳定、变化有度，使其行动能更好地与其他感觉器官相协调，增

强其信心。

本体觉能够帮助个体完成许多非意识性的活动。通过长时间观察幼儿使用餐具自主吃饭可以看到，起初幼儿的手眼协调能力较弱，且有一部分幼儿在用勺子给自己喂饭的过程中不能精准地找到嘴巴的位置，有时会将勺子触碰到脸上。但随着机体的发育，幼儿的手眼协调能力加强、本体觉能力提升，幼儿能够精准地将勺子中的食物送至自己的嘴里。

本体觉直接影响着幼儿的学习能力。本体感受器作为感受个体自身运动状态的感觉器官，其功能的正常与否直接反映了幼儿的外显行为，而这些外显行为正是幼儿日常学习活动的基础。正常的本体觉功能可以保障幼儿顺利完成与其发展阶段相适应的学习活动。反之，本体觉异常的幼儿往往表现为写字慢、笔芯总是折断、笔画比例失调等现象。一些本体觉失调严重的幼儿，容易产生暴躁、粗心、缺乏自信等伴随性问题。

本 章 小 结

在感觉统合失调的幼儿中，本体觉失调的现象是比较普遍的，一旦幼儿出现本体觉失调的状况就会对其运动能力和相关能力产生不利的影响。所以，在感觉统合训练中，本体觉训练是仅次于前庭觉训练的另一个非常重要的内容。

思 考 与 练 习

1. 幼儿感觉统合的概念。

2. 简述幼儿感觉统合能力的发展阶段。

3. 感觉统合对幼儿的发展有什么作用？

感觉统合的练习方法

感觉统合的练习是近些年在教育系统新兴的一种教育方式，是一种幼儿教育的重要手段，主要是通过对幼儿的身体实施干预，进而影响其神经系统发育，调节其心理的一种训练方式。此练习方法目前被广泛运用于感觉统合较差的幼儿，能够有效地改善其认知、动作、人际互动等方面的基本能力。当然感统训练可以起到预防、矫正、治疗感统失调的作用，并不是只适合于有感统问题的幼儿，其主要作用是提升幼儿的感统能力，可以说每个幼儿都需要进行感统训练。① 故按照不同练习目标及个体差异可将感觉统合练习方法分为：（1）依据感觉统合练习时器械的使用可将其分为徒手练习和器械练习；（2）依据练习人数将其分为单人练习和多人练习；（3）依据练习者参与的独立程度可以将其分为主动练习、助动练习和被动练习；（4）依据既定练习的感觉功能可以将其分为视觉功能练习、听觉功能练习、嗅觉功能练习、味觉功能练习、触觉功能练习、前庭觉功能练习、本体觉功能练习七大类。实际上，这些练习方法相辅相成，常常组合运用，不存在纯粹的单一功能的练习，只是练习的侧重点不同，在感觉统合练习过程中应根据练习者需要练习的感觉功能来采用较为适合的练习方法。

---

① 李俊平. 图解儿童感觉统合训练：全彩图解实操版[M]. 北京：朝华出版社，2018：4.

体育艺术与幼儿
感觉统合

◆ 了解幼儿感觉统合的练习内容和方法。

◆ 熟悉幼儿感觉统合各功能练习和分类。

◆ 掌握幼儿感觉统合各功能练习活动的设计。

第一节　视觉功能练习

视觉是对幼儿各方面能力发展起到重要作用的一种感知觉。"眼睛是心灵的窗口"足以说明视觉的重要性，人从外部环境中接受到的视觉信息要远远超过其他感知觉，并且视觉信息承载着巨大的信息量，其传播速度极快，信息的完整性也较强，因此还具有检验其他感知觉所获取信息的功能。幼儿视觉功能的异常表现并不是视力障碍，而是对某些特定的物品表现出高度的敏感性，如有的幼儿对色彩的深浅或者光线的强弱具有很强的感知，有的则对某一种颜色表现出着迷或者避之犹恐不及，有的则对物体的属性（大小、长短、厚薄等）表现感知迟钝。

一、视觉功能练习的目标

视觉功能练习可分为视觉注意力、视觉追踪力、视觉记忆力、视觉分辨力、视觉想象力五大目标。针对幼儿的实际测评结果有针对性地设计练习活动，有时专门针对其中的一目标进行设计，有时可以针对几项甚至所有目标。

（一）视觉注意力

视觉注意力是指视觉刺激传达到大脑后，大脑利用该刺激进行计划或行动的能力。为充分激发幼儿的兴趣及好奇心，在日常生活中就可以随时进行，让其仔细观察看到的事物，然后进行描述。可以让幼儿注意某个突然出现在视线内的物体，并且注视后不立刻转移视线，能够持续地注意这个物体。如果视线内突然出现了不止一个物体，那就要选择其中一个而忽略其他认为不重要的。如果要同时注意两个或者两个以上的物体时，要能够妥善地分配及应用视觉。

（二）视觉追踪力

视觉追踪力是指以协调的眼动跟随和追踪物体的能力，对幼儿的学习能力有很重要的作用，幼儿的阅读、听讲、写作业等都离不开它。练习时要求幼儿看到物体后，视线能够追随物体的前、后、左、右、上、下等方位的移动而移动，目的是检验幼儿是否能够顺利完成追踪。练习能促进幼儿的视觉神经、思维神经系统的发育，提高视觉的集中性、持续性和抗干扰能力。

（三）视觉记忆力

视觉记忆力是指对来自视觉通道的信息的输入、编码、存储和提取，即个体对视觉经验的识记、保持和再现的能力。它是感知记忆的一种，通过观察来保存事物的感性特征，具有典型的直观性。

（四）视觉分辨力

视觉分辨力是指利用视觉来区别个体与其他之间的差异性的能力。在学习或生活中经常需要用到这种辨别能力，是幼儿阅读、书写等活动的前提。如很多幼儿反向书写"6"和"9"或者将"天"写成"夫"，甚至在教师指正后也不能及时发现这两个字的差别。

（五）视觉想象力

视觉想象力是指由视觉经验决定的联想能力。视觉想象力障碍的人虽然能够记住过去的事情，但其记忆的强度并不如正常人，在他们脑海中过去的事情更像是一份列表，而非栩栩如生的画面。视觉联想力对于幼儿解决几何问题、应用题问题、形象思维问题等，均有很大的帮助。视觉联想能力差主要是由于幼儿在发展过程中得到的视觉刺激太少，缺乏视觉经验。如果在记忆中没有储存足够的信息、图像的话，幼儿在看到一个物体时，是很难形成丰富联想的。我们要多给幼儿一些视觉刺激，锻炼其视觉联想能力。

二、视觉练习的内容和方法

（一）视觉辨别力练习

（1）形状辨别练习：训练人员在黑板或者白纸上用笔画出各种几何图形，指导幼儿进行反复辨认；在纸上或者黑板上先画出各种形状，然后说出其中一种形状的名称让幼儿在纸上或黑板上画出该形状；用各种形状不同的积木让幼儿进行辨识，如训练人员说出某一种形状名称，让幼儿在一堆积木中挑选出相对应的形状。

（2）颜色辨别练习：主要训练幼儿对黑、白、红、蓝、绿、黄、紫等颜色的辨识，如指导幼儿认识彩色水笔的颜色，让其说出颜色名称，然后列举在日常生活中见到的相同颜色的物体。

（3）物体形态辨别练习：指导幼儿认识物体的大小、长短、厚薄、宽窄；指导幼儿认识人的高矮、胖瘦、男女。

（二）集中视力练习

（1）单眼注视：教师指导幼儿用一只眼睛望向物体，同时遮住另外一只眼睛，两眼可以交替进行，每次注视的时间不少于30秒。

（2）双眼注视：指导幼儿两只眼睛同时注视某一物体或活物。

（3）选择注视：指导儿童分别注视上、下、左右、右上、右下、左上、左下等不同方位的物体，在选择注视某一物体时自动排除其他物体的注视。

（4）移动注视：指导幼儿在前、后、左、右、上、下方位移动的过程中始终注视某一物体。

（三）视觉转移练习

（1）由近至远练习：教师指导幼儿把视线由一个距离较近的物体上移向一个距离较远的物体上。

（2）由远至近练习：教师指导幼儿把视线由一个距离较远的物体上移动至一个距离较近的物体上。

（四）视觉追踪练习

教师指导幼儿用眼睛追踪移动中的物体，如看马路上由近驶远的汽车、网球比赛中的网球、天空中飞行的禽类。

（五）视觉搜索练习

教师指导幼儿从一大堆物件中找出指定物件，如在一大堆积木中找到一块红颜色的单层四方格积木。

（六）视觉记忆练习

（1）生活记忆：通过生活中的练习，锻炼幼儿有意识地保持视觉记忆的习惯。如与幼儿共同回忆做过的事；让孩子回忆亲人的外貌，形容所见过的某些物品；让孩子凭记忆叙述看过的电视节目的内容。

（2）动作记忆：通过视觉—动作的反复强化，帮助幼儿有效记忆。因为在各种记忆型别中，动作记忆最容易被发展。如让幼儿模仿手的连续动作、用纸叠飞机、拍打篮球等手的动作；让幼儿模仿脚的连续动作；让幼儿模仿身体的连续动作。

（3）纸牌记忆：通过训练，提高幼儿学习活动中的视觉记忆力。如：首先准备一副纸牌；其次，每次展现一张纸牌，让幼儿观看后回忆纸牌花样及数字；最后，连续几张排列，让幼儿按要求说出花样及数字。

三、视觉训练的注意事项

（1）强度设置合理，练习的时间长短及次数都要与幼儿的年龄、状态、周边环境相适应，强度过小起不到刺激作用，强度过大会引起幼儿疲劳甚至视觉损伤。

（2）控制教学环境，合理布置练习场地的内部环境，尽量排除无关刺激的干扰。

（3）练习时，要选择合适的器材，确保安全；器材的颜色要鲜明，利于引导幼儿进行练习。

（4）在进行认识颜色的练习时要遵循基本颜色至混合颜色的顺序，应先认识日

常生活中最常见的，后增加记忆不认识的颜色；训练的步骤应该先进行颜色的配对，后指认出该颜色，最后进行颜色的命名及验证。

（5）认识平面图形的顺序依次为圆形、正方形、三角形、长方形、梯形、五边形、六边形，然后是认识图形的分割和拼合、图形的对称认识。立体图形的认识顺序依次是球体、正方体、长方体、圆柱体、圆锥体。

（6）在理解与掌握平面图形和立体图形基本特征的基础上，引导幼儿初步理解两者之间的关系。在进行图形认识训练时，要积极调动其多种感知觉参与，不应该只是视觉，还有听觉、触觉等。

四、视觉练习设计

练习一：找连线

1. 练习目标

通过对幼儿视觉系统的强化训练，对幼儿的视觉神经、思维神经系统的发育，有促进作用。同时，也提高其注意力的集中性、持续性以及抗干扰能力。

2. 练习场地

感觉统合练习室或教室。

3. 练习器械

视觉追视图、贴纸。

4. 练习过程

（1）教师事先将准备好的"一号追视图"发给幼儿，从五连线的图片开始进行训练。

（2）教师引导幼儿集中注意力观察图形上端的数字，运用连线把空格里的数字填进相应的空格里。

（3）教师要引导幼儿，不允许用手指铅笔比画和联结，只能够用眼睛，顺着线条去寻找连线，标注数字。

（4）第一轮训练完毕后，能连线正确的幼儿，教师可以派发"二号十连线追视图"；连线不正确的幼儿，教师再次派发"一号五连线追视图"，重复上一轮的训练。

（5）上面训练完成后，休息 3 分钟，然后让连线正确的幼儿，进行"三号追视图"（见图 2-1）训练；连接不正确的幼儿，教师继续发之前的"追视图"。重复前面训练，每轮训练不要求速度，不限定完成时间，但关注准确度。

（6）教师可以根据幼儿完成训练的情况和表现，灵活发放奖励（贴纸）。注意：对表现较弱的幼儿要根据情况进行奖励，可发放"进步奖""态度认真奖"等。

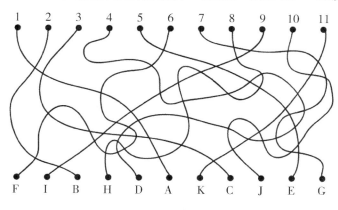

图 2-1　视觉追视图

5. 练习的变式

（1）谁家的小狗：帮助小狗的主人找到他们的小狗，见图 2-2。

图 2-2　谁家的小狗练习图

（2）找数字：按照 1，2，3，…，30 的顺序找出所有数字。

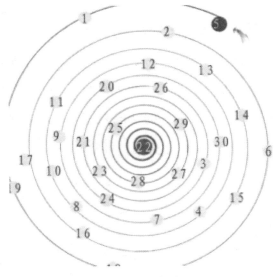

图 2-3 找数字练习图

（3）抓萤火虫：家长用亮度较高的手电筒，或手机手电筒，把光圈照在平整的墙面或地板上，并快速地移动。让幼儿用手抓或用脚踩光圈，家长可以变化不同的速度，忽快忽慢地，偶尔要让幼儿抓到，让其有些成就感。

6. 练习建议

（1）上述练习每次进行约 20 分钟，每周进行 3～5 次。

（2）练习前，教师进行清晰的讲解；练习中，教师可以用语言进行适当的提示和正向的激励，如果发现训练确实有困难的幼儿，教师可以让幼儿用手或铅笔比画着进行连线。

（3）练习的难度要由简至难，循序渐进。对于部分视觉感知力较强的幼儿可以酌情进行进阶难度的练习。

练习二：找图形

1. 练习目标

通过图片帮助幼儿加深对形状的认识，了解各种基本几何图形间的关系，培养幼儿的视觉辨别能力。

2．练习场地

感觉统合练习室或教室。

3．练习器械

教室、纸板。

4．练习过程

（1）教师课前先用纸板剪出几种基本几何图形。

（2）教师给出四个几何形状，其中一个与其他三个形状不同，让幼儿指出不同处，见图2-4。

图 2-4　指认图形

（3）让幼儿辨别图形，并对图形进行组合，如让幼儿用两个相同大小的等边三角形组合成一个正方形，用一个半圆形和一个三角形组合成一个扇形等，见图2-5。

图 2-5　拼合图形

5. 练习的变式

（1）藏图游戏：把两种或两种以上图形重叠，然后要求孩子分别找出他们的图形，见图 2-6、2-7。

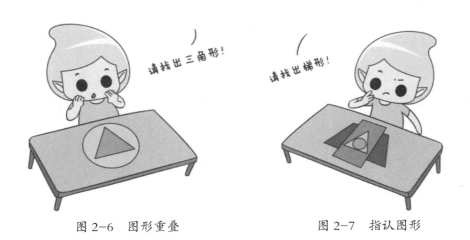

图 2-6　图形重叠　　　　　　　　图 2-7　指认图形

（2）补图游戏：家长收集各种书籍、报纸、杂志中的图片，如动物、植物、日常用品等。将图片的一部分剪下，使其变为一个不完整的图形，后让幼儿说出图片中缺少的部分，见图 2-8。

图 2-8　补图游戏

练习三：摆一摆

1. 练习目标

训练幼儿的视觉辨别能力，加强幼儿的视觉记忆能力，培养幼儿的视觉推理能力。

2．练习场地

感觉统合练习室或教室。

3．练习器械

练习图纸、积木。

4．练习过程

（1）给幼儿一张打印的图片让其按上面的图形叠放积木。在训练过程中主要是让幼儿发现两者间差异。

（2）幼儿在摆放积木时如放置错误，教师不要跳过此环节进行下一个练习，也不要马上让幼儿重新叠放。而是先让幼儿观察图片示例与其所摆放的图形有什么差别，让幼儿找出错误的地方，再重新进行调整。

（3）练习要求能快速、准确地发现图形差异。

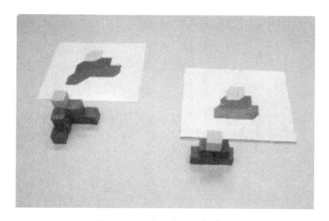

图 2-9　图形与积木叠放

5．练习的变式

（1）说区别：如比较小鸡和小鸭子的异同、苹果和番茄的异同。

（2）视觉想象：如利用"锻炼脑力思维游戏：视觉想象"来练习，充分发挥幼儿想象力，让其仔细观察图画，看是否能观察到另外一副画面，见图 2-10[①]。

---

① 王维浩．视觉想象[M]．长春：吉林科学技术出版社，2017：3．

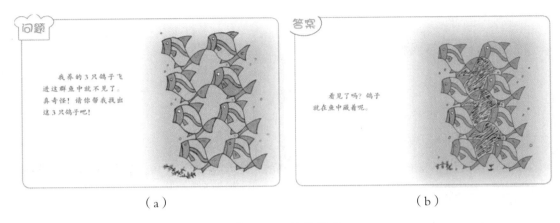

图 2-10　视觉想象

（3）用在路边捡到的小树叶，制作不同的画，见图 2-11。

图 2-11　手工制作

第二节　听觉功能练习

　　听觉是由听觉器官在声波的作用下产生的对声音特性的感觉，是仅次于视觉的重要感觉通道。听觉障碍又称听觉受损，是指感测或理解声音的能力的完全或部分降低。幼儿听觉障碍的表现也不一样：有的会对某些声音听而不闻，但对某些细微的声音却很敏感；有的幼儿会因汽车发动机的轰鸣声、扫地机或者豆浆机使用时发出的声音而变得焦躁不安，甚至对水龙头的流水声产生不安情绪；有的幼儿对语速过快、大声讲话或者唠叨的人感到焦虑或者远离；有的幼儿不能分辨声源，总是四处张望寻找声源；有的幼儿辨别声音有困难，尤其是对相近的读音，如"七"和"西"；有的幼儿在安静情况下也不能够集中精力去听一个声音；有的幼儿听到金属的、尖锐的、突然的声音感到特别痛苦，甚至对一些常人觉得很正常的声音都难以忍受；有的幼儿与人交流有困难，对于听到的东西很难理解或是记住，也不能对别人的问题和评论做出适当的反应。因此，听觉功能的练习对幼儿来说尤其重要。

一、听觉功能练习的目标

幼儿听觉练习的目标是让其学会察知声音、辨别声音、记忆声音、理解声音和语言的含义，主要是让幼儿能够听懂，减轻与人沟通交流的障碍和痛苦，提高其社会交往能力。具体可以分为听觉专注能力、听觉分辨能力、听觉记忆能力、听觉理解能力四个方面。

（一）听觉专注能力

听觉专注能力也叫听觉注意力，是指人在精神状态集中的情况下，用听觉获取信息的能力。它是听觉分辨能力、听觉记忆能力、听觉理解能力和听觉排序能力的基础。如果人的听觉注意力不集中，就会造成在学习中对有用信息的获取不足而影响到学习。因此可以通过听觉专注能力的练习，提高幼儿对周围环境中各种声音的敏感性和专注力，提高获取信息的有效性。

（二）听觉分辨能力

听觉分辨能力是指辨别不同声音之间差异的能力，包括对一组或者一对词之间差异的辨别能力以及听力能力。听觉分辨能力表现为能够分辨声音的大小、高低、音色的不同、声源的方向；能分辨出乐音和噪音；能在嘈杂的环境中接收到某一种特定的声音。因此，对幼儿进行听觉分辨能力的练习需要培养其倾听习惯和乐于收听不同声音，目的在于提高其对各种声音的注意和辨别能力。

（三）听觉记忆能力

听觉记忆能力是指储存与回忆其所听到的信息的能力，它还包括对获取的信息以正确而详细的顺序回忆以及能将听觉信息加以组织的能力。听觉记忆力是人学习的基础，直接关系到幼儿学习成绩的高低。听觉记忆力差的幼儿，往往对较长的信息记不全，甚至完全记不住，也不能完整地表达出所听到的信息，对社会适应及人际交流也会产生较大的消极影响。因此对幼儿进行听觉记忆力的练习有助于提高其对听觉刺激信息的记忆、排序和注意。

（四）听觉理解能力

听觉理解能力是指对声音或说话所承载内容的了解能力。听觉理解能力正常的幼儿能够明白简单的口头说明，同时能够用肢体语言或者话语来表达其已经听懂了。如果幼儿的听觉理解能力较差，则会出现对教师或者家长的要求、讲解或表达的其他内容不理解，无法做出正确的回应，从而影响到其学习和生活的适应。因此通过听觉理解能力的练习来养成幼儿良好的倾听习惯，以及对各种刺激声音和口头说明的理解并做出正确反应。

二、听觉功能练习的内容和方法

（一）听觉专注能力练习

听觉专注能力的练习分为无意注意练习和有意注意练习。

1. 无意注意练习

是在无准备的情况下对声音的感知的练习。包括音乐声（琴声、笛声、鼓声等）、言语声（谈话声、会议声、讲课声）和环境声（动物叫声、自然环境声、噪声等）。

2. 有意注意练习

是有意识、有准备地根据要求对不同轻度、不同频率、不同音色的声音做出反应的练习。包括滤波音乐声（低频的大提琴、长号，中频的小提琴、长笛，高频的双簧管、短号）、滤波环境声（低频的钟声、中频的蛙鸣声、高频的鸟鸣声）、不同频段的言语声（低频的窃窃私语声，中频的对话声等，高频的吵架、喊叫声等）。

此类训练主要利用视觉、动作等调动幼儿对声音的兴趣，可以用视听诱导法、随意敲打法、物体碰撞法、声源探索法、触觉感知法、动画诱导法。也可以利用幼儿的动作能力来做出适当的反应，如听到声音时，让幼儿举手、移动、跳动、转圈等。

（二）听觉分辨能力练习

1. 多维度音频练习

将声音材料的响度、频率、时长等多种维度混合在一起，进行差异的分辨练习。如可以分辨猫、狗、牛、鸡等动物声，分辨钢琴、口琴、长笛等乐器声，分辨警车、小汽车、手机铃声等物体声，还可以分辨唱歌、打呼噜、打喷嚏、咳嗽、吹口哨等人体声。

2. 单维度音频练习

对音频的时长、强度、频率、语速、声调等方面某一个主要维度的差异进行分辨。

（三）听觉记忆练习

1. 简单记忆练习

对简单声音、数字进行记忆。

2. 抽象记忆练习

包含事件、故事进行简单复述。

（四）听觉理解能力练习

1. 词语理解

包含单条件词语理解、双条件词语理解和三条件词语理解。单条件词语包括名词、动词、形容词。双条件词语如：介宾短语——积木在地上；主谓短语——小朋友在做游戏；并列短语——铅笔和本子；偏正短语——绿色的树叶；动宾短语——写作业。三条件词语如：介宾短语——彩色的积木在地上；主谓短语——小朋友在幼儿园做游戏；并列短语——铅笔、本子和小刀；偏正短语——一枚绿的树叶；动宾短语——写今天的作业。

2. 短文理解

包括情景对话、故事问答和故事简单复述。

三、注意事项

（1）有趣的声音材料能引起幼儿对声音产生兴趣，建议在练习中常更换材料或者改变声音大小，声音材料的选择也需要特别注意。

（2）应该从幼儿有兴趣且容易记住的材料开始，然后逐渐增加记忆材料的多样性。同时还要避免不恰当的声频或响度对幼儿产生刺激。

（3）练习时，要注意已有的认识能力。通过声音与图片结合、声音与实物结合的方式，让幼儿在训练前先对发声物体有个初级的认识。

四、练习活动设计

练习：什么声音？

1. 练习目标

培养幼儿集中注意力，用听觉去获取有效的信息，提高对周围环境中出现声音的敏感性和专注力。

2. 练习场地

感觉统合训练室。

3. 练习器械

录音机、练习用图片。

4. 练习过程

（1）播放各种不同的声音，提问幼儿"听到了什么？"。

（2）播放各种不同的声音，与幼儿玩"这是什么声音？"的游戏，要幼儿说出或者指出这些声音是由哪些物体发出来的。

（3）要幼儿说出各种声音是由何种物体发出的，若无法用语言表达，可以让其找出相应的图片。

5. 练习的变式

（1）模仿声音：教师让幼儿听完播放的声音后，让其模仿所听到的声音。

（2）寻找声音：在练习室内不同地方摆放会发声的物体，让其同时发声后，让幼儿指出某一种声音发出的方向。

第三节 嗅觉功能练习

嗅觉是我们身体内部与外部环境沟通的一个重要出入口，它不仅担负着避免有害气体进入体内的警戒任务，而且在营养方面，可以对食物做出不同的反应，也可以避免身体受到有毒或者变质食物的侵害。此外，嗅觉还可以作为一种距离分析器，如盲人、聋人运用嗅觉来认识食物，感受周围环境和确定方向，就像普通人运用视觉和听觉一样。如果嗅觉迟钝或者异常，就会降低身体的警戒和防御，极易导致危险的发生。

一、嗅觉功能练习的内容和方法

通过嗅觉功能的练习，提升幼儿的嗅觉能力，增强集体的防御能力。嗅觉功能主要包含嗅觉敏锐能力、嗅觉辨别能力和嗅觉记忆能力三个方面。嗅觉训练可帮助幼儿在发现嗅觉减退或缺失等问题后，进行主动反复地嗅吸各种不同气味的物质，从而达到刺激嗅觉神经元、改善嗅觉功能的作用。

（一）嗅觉敏锐能力

嗅觉敏锐能力是对气味刺激的快速反应能力，包含感知有无气味与其是何种气味。它与嗅觉的辨别力紧密相关，与嗅觉的记忆力也存在重要联系。因此，在进行

功能练习时，建议与嗅觉辨别能力和嗅觉记忆能力结合起来。

（二）嗅觉辨别能力

嗅觉辨别能力是指接受和分辨香、酸、臭、刺鼻味四种嗅觉刺激的能力。嗅觉辨别能力不足会给生活适应带来难度，更会给生命安全带来隐患。可以在日常生活中进行相关练习，如在吃饭之前让幼儿闭上眼睛闻一闻饭菜，说一说所闻到的味道。

（三）嗅觉记忆能力

嗅觉记忆能力是指储存与回忆其闻到信息的能力，它还包括对获取的嗅觉信息做出正确行动的能力。正常的嗅觉记忆能力可以让人对感知过的气味充满向往，也可以使人在闻到刺激性或者有毒气体的时刻快速逃避，避免对身体的伤害。嗅觉记忆能力的训练是以嗅觉敏锐性和嗅觉辨别力为基础的，是为了提高嗅觉的记忆力和分辨力，以及其自身的安全防御功能。练习的内容包括：凭嗅觉去记忆，分辨日常生活中不同气味的物品，并了解带有气味的物品哪些可以用哪些不可以用，如判断或者说出某种食物是否能够食用、饮用、吸味。

二、嗅觉练习的注意事项

因为嗅觉的敏锐能力、辨别能力、记忆能力三者息息相关，练习时常将三者结合起来进行，这样能提高训练的效能。

如果某些儿童具备了一定的嗅觉分辨能力，可以设计一些活动进行综合练习，建议和日常生活紧密结合在一起。

若是幼儿同时进行训练，可以用穿插比赛的方法来增加活动的趣味性，调动幼儿的积极性。

三、嗅觉练习的活动设计

练习：品香练习

1. 练习目标

提高幼儿对各种香味的敏锐性，培养其对香味的辨别力，增强其对各种带有香味物品的认知。

2．练习场地

感觉统合练习室。

3．练习器械

香皂、香水、风油精、鲜花、水果（苹果、香蕉、橙子等）。

4．练习过程

（1）引导幼儿闻一下鲜花的香味，并询问其香味。

（2）同样方式闻香皂、香水、风油精、水果的味道，鼓励幼儿大胆说出带有香味的物品。

5．练习的变式

嗅觉比赛：选择香味、臭味、酸味的食物及若干相对应的图片，进行品尝比赛，看谁反应又快、辨认又正确。

第四节　味觉功能练习

味觉是人类在进化过程中选择食物的重要手段，是感知食物甜、咸、酸、苦等基本味觉的能力。它也是人体内部与外部沟通的一个出入口，担负着身体的防御和警戒的任务。味觉能力主要包括味觉反应能力、味觉辨别能力、味觉记忆能力三个方面。

一、味觉练习的内容和方法

（一）味觉反应能力

味觉反应能力是指人对味觉刺激做出快速反应的能力，而味觉又担负着身体的警戒任务，若幼儿味觉的反应能力出现障碍，则会直接影响其身体安全。

（二）味觉辨别能力

味觉辨别能力是指靠味觉接受和分辨各种刺激的能力。味觉辨别能力障碍表现为分不清楚酸、甜、苦、咸四种味觉，还有不能分辨同一种食物味道的浓、淡，更不能对其编序。这就导致其失去了身体的一道重要屏障，造成生活困难和安全隐患。

（三）味觉记忆能力

味觉记忆能力是指通过味觉识记、保持、再认识和重现客观刺激物所反映的内容和经验的能力。

二、味觉练习的注意事项

因为味觉的反应能力、辨别能力、记忆能力三者息息相关，练习时常将三者结合起来进行，这样能提高训练的效能。

若是幼儿同时训练，可以用穿插比赛的方法来增加活动的趣味性，调动幼儿的积极性。

三、味觉练习的活动设计

练习：品尝游戏

1. 练习目标

提高幼儿对酸、甜、苦、咸等味觉的反应能力。

2. 练习场地

感觉统合训练室。

3. 练习器械

奶糖、甜果冻、蜂蜜水、甜牛奶、话梅糖、杏子、酸梅汤、酸奶、山楂等食物，以及对应的图片，纸杯子，勺子若干。

4. 练习过程

（1）先取甜牛奶、蜂蜜水各一杯，用勺子送到幼儿嘴里，并询问其味道。然后用同样的方法进行奶糖、甜果冻等甜食的交替品尝体验，若幼儿能够正确回答，可以进一步询问其品尝的是什么食物，引导其记住该食物的名称或图片。

（2）用同样的方法让幼儿品尝话梅糖、杏子、酸梅汤、酸奶、山楂等酸性食物，体验食物的酸味并记住它们的名称或图片。

5. 练习的变式

品尝比赛：选择甜味、酸味、咸味、苦味的食物及相对应的图片若干种进行品尝比赛，看谁反应又快、辨认又正确。

第五节　触觉功能练习

触觉就是人体接受外界刺激的感觉，它是由压力和牵引力作用于体表的触觉感受器而引发的。幼儿出现触觉失调往往有两个极端的表现：触觉敏感和触觉迟钝。后天环境因素会影响幼儿触觉能力的发展，比如有的父母反对孩子玩泥巴、沙土及橡皮泥等，这会在一定程度上影响幼儿的早期触觉输入。婴幼儿阶段是双手小肌肉群发育的重要时期，也是幼儿触觉感应和传送发育的关键期。日常生活中，父母可加强孩子小肌肉群的练习，如准备一些大型积木或毛绒玩具，让幼儿搂抱、抓举以提高其触觉感应能力。

一、触觉功能练习的目标

触觉功能练习旨在强化皮肤、大小肌肉关节神经感应、辨识感觉层次，调整大脑感觉神经的灵敏度。触觉功能练习是依据触觉感受器及其传导通路的独特性来设计的，触觉感受器有多种类型，不同类型的感受器所感受的刺激的属性和强弱都不相同，所以触觉练习方法的练习内容和练习方式也有区别。在现今的感统练习中，触觉功能的练习不局限于触压觉的训练，还应包括皮肤觉所有功能的练习，特别是

痛觉的练习。^① 因此，要想更好地开展触觉功能的练习，教师应熟悉皮肤觉的各种类型以及其不同类型所适宜的刺激，知晓体肤不同部位触觉感知敏感性的差异，熟悉不同年龄阶段皮肤觉发育特点等。

二、触觉功能练习分类

触觉练习可以根据刺激范围的大小、刺激属性的时空变化、触觉感受器的类型及被试者的参与性分类，具体分为局部刺激练习和全身刺激练习，静态刺激练习和动态刺激练习，粗略触觉练习和精细触觉练习，被动练习、助动练习、主动练习，共四种类别，见图 2-12。

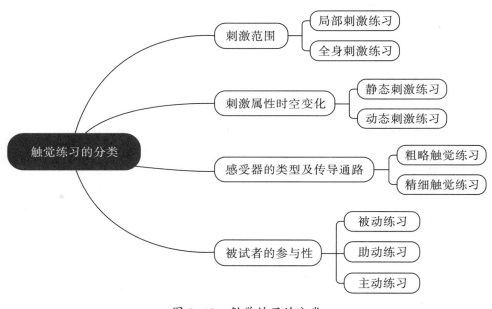

图 2-12　触觉练习的分类

1. 局部刺激练习和全身刺激练习

根据刺激范围的大小，触觉刺激可分为局部刺激和全身刺激。

局部刺激是对人体的头部、躯干、四肢等特定部位的体肤进行的刺激。在进行局部刺激练习时应注意：（1）对头部的刺激练习要点。因为头部的信息传到系统与

---

①王和平．特殊儿童的感觉统合训练[M]．2版．北京：北京大学出版社，2019：128-129．

身体其他部位是有区别的，在练习时要区别对待头部与身体其他部位。如梳头游戏：用木梳子刺激幼儿的头皮，首先从右至左往后梳 25 下，再从左至右往后梳 25 下，再用同样的方法从前往后、从后向前各梳 25 下，一次总共梳 100 下。游戏中用力不要过大，教师可协助幼儿梳头也可以让幼儿自己梳头。（2）刺激属性的控制。教师或家长在让幼儿开始练习前应该清晰地知道所施加刺激的属性，为了提高幼儿对刺激的感受和认知效果，教师应该控制多次刺激强度大小的一致性。（3）对幼儿进行正确的引导。练习时要引导幼儿感受所施加的刺激属性，并引导其表达对刺激属性的感受，增强其对刺激的认知。

全身刺激练习是指对全身各部位进行范围较为宽广的刺激练习，以提高全身各部位皮肤觉的功能。在进行此类练习时应注意：（1）尽可能给予幼儿较大范围的刺激，如在洗澡或者游泳时可进行全身刺激，在沙滩或者游乐场的沙粒区可刺激四肢的大部分区域（见图 2-13）。（2）施加刺激时无须明确目的。家长或教师通过各种机会对幼儿进行时间长短不等的刺激练习，不要求幼儿有目的地感受并表达刺激的属性。

图 2-13 沙粒全身刺激练习

2. 静态刺激练习和动态刺激练习

根据刺激属性在时空的变化程度，可以将有效刺激分为静态刺激和动态刺激。

静态刺激的几次属性在时空上前后变化不大，如用瓶盖按压体肤（见图 2-14）。在进行静态刺激时要考虑的主要内容包括：刺激的部位、面积大小、时间长短、方向、次数、刺激物的属性（温度、湿度、硬度、粗糙度、形状）。

图 2-14　瓶盖按压体肤

动态刺激的刺激属性在时空上有明显的变化，该刺激的属性是由开始到结束的整个过程决定的，如刺激在方向、角度、频率、力度等方面的变化（见图 2-15）。多个相同或者不同的静态刺激在时空上前后分布也可构成动态刺激。

图 2-15　不同材质触垫的动态刺激练习

3. 粗略触觉练习和精细触觉练习

根据触觉感受器的类型及传导通路的不同，可将触觉功能性训练分为粗略触觉练习和精细触觉练习。

粗略触觉练习是触觉系统能够粗略感知刺激属性，多数情况处于感觉水平，尚未达到知觉水平，刺激的信息一般在大脑的初级感觉区域加以表征。如翻滚练习：幼儿绕身体的冠状轴或者垂直轴进行的连续翻转滚动，实现对身体皮肤大范围的揉、挤、压等的触觉刺激，包括前后滚翻和侧滚翻（见图 2-16）。

精细触觉是对刺激属性的清晰感知，多数情况超过感觉水平，达到知觉水平，该类刺激经过大脑初级感觉区域的表征后进一步传导至次级感觉区，以及其他的更高级的功能区，能够感受和认知所受刺激。如对头顶进行的触觉刺激练习，采用积木、按摩器或者玻璃球对幼儿头部（头顶部、前部或者侧脸）进行的压、揉、旋转等动作，让幼儿感受刺激物体的属性及说出刺激的顺序或者变化（见图 2-17）。

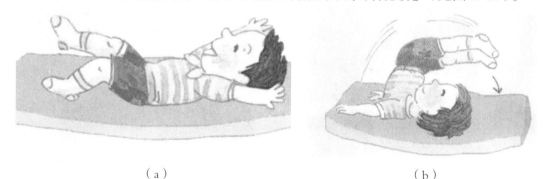

（a）   （b）

图 2-16 翻滚练习

图 2-17 头部触觉练习

粗略触觉练习的知觉水平较低，训练的要求低，难度也小，也易于组织开展，属于初级感统训练，能够帮助幼儿改善触觉功能、控制情绪和睡眠质量等。而精细触觉练习则属于高级的感统练习，在促进触觉功能的同时，还能够提高幼儿注意力、认知能力及执行力。在感统练习中，两种触觉练习都是必要的，并且需要根据儿童触觉失调的特点有针对性地进行交替练习，如对注意缺陷和多动障碍的幼儿可偏重精细触觉练习，改善他们的注意力。

4. 被动练习、助动练习和主动练习

根据触觉功能练习时幼儿参与的主动性，可分为被动练习、助动练习和主动练习三种。

被动练习是由家长、教师、训练师等徒手或利用器械对幼儿进行的触觉练习，而幼儿只是静态地感受触觉刺激，如瑜伽球滚压（见图 2-18）：将瑜伽球放置于幼儿躯体上（或者特定部位）做动态的滚动或者静态的挤压（上下、前后、左右以及螺旋式等方式的滚压）。

图 2-18　瑜伽球滚压

助动练习是针对有些幼儿对一些感觉统合训练设备或训练项目存在恐惧感或有较大的心理压力，难以独立完成时，需要教师支持和协助以适应训练器械的一种练习。借助球类来实施助动训练是最常见的一种助动练习，如俯卧瑜伽球助动练习（见图 2-19）：幼儿俯卧在瑜伽球上面，教师或者训练人员双手紧握幼儿脚踝进行上下前后缓慢的推拉及晃动或左右的微倾斜等动作，同时引导幼儿集中注意力感受刺激属性（刺激部位、方向、幅度、晃动与滚动）。

图 2-19　俯卧瑜伽球助动练习

主动练习是让幼儿主动地参与练习而非被动地进行参与的一种练习方法。与被动练习和助动练习比较而言，主动练习的方式和方法会更加的丰富，具有更多的趣味性，同时能够对幼儿产生更大强度的刺激。在进行此类练习时，教师可以要求幼儿独立或与同伴操练器械完成练习。

三、触觉功能练习的注意事项

（1）触觉功能练习时要注意幼儿的触觉异常类型和接受程度，避免在训练过程中因训练强度过大或过小而达不到练习要求。

（2）对某些幼儿触觉敏感部位要注意调整好练习的力度和方法，保证幼儿能够正常接受。

（3）不要长时间地接触幼儿身体的任何一个部位，如确定需要则轻柔地、关怀地敲击或拍打他们的胳膊；不要求幼儿长时间停留在一个活动场地，可灵活选择练习场地。

（4）如果幼儿迷恋于某一练习或游戏，可轻轻地身体接触或拍击，转移他们的注意力，然后开始新的活动练习。

四、触觉功能练习的活动设计

练习：挠痒痒

1. 练习目标

选用不同物品和选择不同力度对幼儿肌肤进行接触刺激，刺激触觉接收器，提高其触觉接受能力。

2. 练习场地

感觉统合练习室。

3. 练习器械

牙刷、毛刷、羽毛刷、干毛巾、纸条、丝巾。

4. 练习过程

教师或者家长和幼儿面对面坐好，先用牙刷在幼儿的手心、脚心、颈部、腋下挠动，再用毛刷、羽毛刷，同时告诉幼儿刷的部位。

让幼儿闭上双眼，用牙刷在幼儿的手心、脚心、颈部、腋下挠动，再用毛刷、羽毛刷接触，同时用语言提示"老师挠你哪了？"。

教师拿出干毛巾、纸条、丝巾分别告诉幼儿三种物品的名称，用这三种物品分别在幼儿的手臂、手背或者额头处用较大力气刷动 10 次，再分别轻轻地刷动，引导其对不同物品触觉的感受。

让幼儿闭上双眼，然后用毛巾、纸条、丝巾在幼儿的手臂和手背上使用不同的力度刷动 10 次，让其说出使用的是哪一种物品和力度的大小。

此外，还可以用相同的顺序在幼儿的脸、手心、脚背、脚底进行刺激。

5. 建议

进行触觉刺激练习时，要注意观察幼儿的反应，刺激位置由刺激防御少的部位过渡到敏感部位，顺序如：脸—颈部—手心—脚心—腋下，力度也要由小至大控制好。

练习时要根据幼儿的耐受程度和反应随时调整练习时间长短、频率的强弱和力度的大小。

第六节　前庭觉功能练习

　　前庭觉是指在受地心引力作用及个体躯体移动刺激时形成的感觉。前庭觉功能主要有平衡调节功能，辅助调节心血管、呼吸、情绪功能，维持中枢觉醒功能，选择与整合功能。前庭觉功能不良会影响到个人的生活、学习以及其他心理活动，导致平衡控制差、注意力不集中、肢体难以精确高质量地完成动作，还会出现听、说、读、写的困难。前庭功能练习目标在于有效地调控人的躯体平衡感和空间方位感，整合各种信息，感觉信息调节，感知运动，调节注意力，促进脑功能的整体发展。前庭功能的练习具有难度大、危险性高的特性，对训练人员的专业素养和身体素质也有较高要求，要求训练人员熟悉与前庭系统相关的生理学知识。

一、前庭觉功能练习的内容和方法

　　躯体产出加速度是前庭器官的适宜刺激，它包括直线加速度和旋转加速度，如日常生活中身体失衡、身体旋转、急停急起等都与前庭器官有关联。因此前庭功能练习内容有三个维度，分别是直线加速度运动、旋转加速度运动、直线加速和旋转加速的组合运动。根据这三种运动的属性可以采用以下六种训练。

（一）旋转

　　旋转即全身或者局部绕某一个固定的轴转动，以产生旋转加速度刺激为主。包含三种旋转方式：一是绕垂直轴的旋转，如幼儿站在原地，脚不动，上半身左右的扭转（体转运动），或者一只脚不动，另一只脚连带身体做原地旋转，或者站在旋转台上的旋转等；二是绕身体冠状轴的旋转，如原地空翻、单杠大回环；三是绕身体矢状轴的旋转，如在旋转滚轮上的旋转等。

（二）滚动

滚动是指身体在旋转的同时有水平位移，以产生旋转加速度和直线加速刺激为主。滚动也包含三种方式：一是绕身体垂直轴的转动，如卧位地面滚动（翻滚移动）、钻圆桶内卧滚；二是绕身体冠状轴的转动，如前后滚翻、跳水运动员的躯体翻滚等；三是绕身体矢状轴的转动，如侧手翻、侧滚翻。

（三）摆荡

摆荡是指身体在某一方位上来回摆动，多属于旋转加速度和水平加速度的组合刺激，刺激的强度没有旋转和滚动强烈。摆荡包含两种方式：一是前后摆荡，如做仰卧起坐、荡秋千；二是左右摆荡，如在人体跷跷板的摆动，在浪桥上的身体左右摆动。

（四）起落与震动

起落与震动是指身体的跳起和下落或者身体的上下震动，属于水平加速度刺激，如蹦床上的上下蹦跳、羊角球上的原地弹蹦。

（五）急停急起

急停急起是指身体在水平方向上产生加速度的活动，如折返跑、急停急起跑、跳高、跳远等。

（六）组合式刺激

组合式刺激是指上述五种刺激方式的不同组合，练习方式可多元化，如滑梯滑行、蹦床上的跳转、大陀螺练习等，都是很好的练习方式。

二、前庭觉功能练习的注意事项

（1）安全问题。前庭功能的练习是依靠加速度来刺激感受器的，经常处于失衡状态下，危险系数高，需要做好充足的安全防护。对患有心脏病、癫痫或其他心脑血管疾病的幼儿谨慎采用该类练习。

（2）刺激维度上。不只是身体垂直轴的加速度刺激，还可考虑冠状轴和矢量轴的加速度刺激，确保前庭器官的各个感受区都能接收到充分的刺激。

（3）给予心理支持。在训练初期，幼儿对某些练习有恐惧感，害怕且缺乏信心。教师可以采取陪同训练、扶持练习、游戏互动练习。

三、前庭觉练习的活动设计

练习一：荡吊缆

1. 练习目标

游戏调节幼儿前庭感觉协调感，增强其对自身的控制能力。

2. 练习场地

感觉统合训练室。

3. 练习器械

吊缆、软垫。

4. 练习过程

（1）教师协助儿童爬在缆杆上，采取横向腹趴缆杆面上，并确保幼儿的安全和身体的舒展。

（2）教师手握缆杆前后左右地晃荡，或者手持幼儿脚协助其前后摇动。

（3）要求幼儿睁眼环顾与闭眼感受交替变化，并用语言表达前、后、左、右等方位和强度大小。可以变换固定姿势，采用坐荡、蹲荡、骑荡或仰卧做左右摆荡。

5. 练习的变式

（1）荡吊台：摆荡幅度比吊缆大，还可以采取盘坐位。

（2）旋转吊桶：幼儿双臂、双腿环抱竖悬筒体，依靠自身惯性起荡或让教师助推筒体，可采用摆荡、旋转自由组合。

练习二：找数字

1. 练习目标

通过踩目标桩移动、原地转圈、单脚跳练习，锻炼幼儿的平衡能力和身体协调能力。

2. 练习场地

空地。

3. 练习器械

按照 1～20 数字排列的顺序，设置 20 个高低不同、大小不一的目标桩。

4. 练习过程

幼儿按照 1～20 数字排列顺序，依次踩过目标桩。待 20 号目标桩踩完之后，原地转 5 圈后单脚跳至 1 号目标桩，以此反复练习。

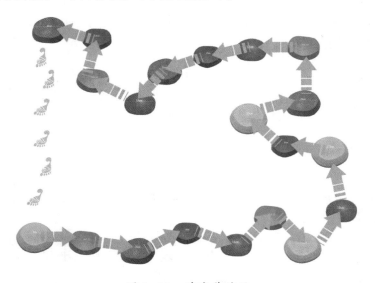

图 2-20　前庭觉练习

5. 练习的变式

目标桩可以用不同物品替代，如用彩纸剪成圆形、半圆球、梅花桩等。游戏形式也可变换为走独木桥、走直线、走曲线等。

第七节　本体觉功能练习

本体觉是指人体内部深层次的感觉，主要是肌肉、肌腱和关节对外界各种刺激的反应。本体觉功能训练对发展幼儿的运动企划、提高精细动作的掌握和各肢体动作的协调配合度有直接作用，本体觉与前庭觉、视觉等感觉系统共同调控身体平衡，并对幼儿的脑部发育、日常活动、学习活动以及未来从事的工作都产生深远的影响。人体的本体觉可以分为位置觉与动觉两种。人体感觉系统感受动作表达的结果即为位置觉，反应的是肢体间的空间位置关系，对应的训练则为位置觉练习；人体感觉系统感受动作表达的过程称为动觉，反应动作属性的形成过程，对应的训练则为动觉练习。

一、本体觉功能练习的内容和方法

（一）位置觉

位置觉即静态的本体觉，以空间为首要参照，以身体的特定部位为对照，随着人身体动作的变化而变化。如站立时，人会觉得头在上脚在下、胸在前背在后、四肢在左右两侧；当人躺下时，会感觉到头在前脚在后、胸在上背在下。在幼儿时期，视觉参与位置觉的形成并起到非常重要的作用，没有视觉的支持就不能够清晰地察觉自身所处的位置，易产生心理恐惧和焦虑。感统失调的幼儿如果不能或者不愿闭上双眼，很大概率是视觉与位置觉整合出错导致的。位置觉的练习是在多种体态下引导幼儿感知身体具体部位的空间位置，理解身体空间位置的相对性。

1. 感知体位

日常我们常见的体位有坐位、卧位、跪位、蹲位、站立位、倒立位等。可觉知位置的概念有上下、左右、前后、内外、远近、高低、重心和周边，它们的就近概念（偏左、偏右、偏上、偏下等），还有组合概念（前上、后下、左后等）。利用这些位置概念感知身体在某个典型体位下的具体位置及方位。

2. 塑造练习

让幼儿身体各部位放松，教师任意指定幼儿身体各部位形成特定造型（如野马分鬃），幼儿感受整个被塑造的过程，然后自主或在辅助下再现前述的造型。

3. 联想练习

幼儿将塑造过程或造型与某些情景相互联系起来，如躯体作揖的造型与拜年的

情景相联系，动作与祝福等词语相匹配。幼儿还可以根据教师描述的具体情景（小狗喝水）或给出的动作词语自行设计并摆出造型，可以让其表达在该过程中的想法，用此方法引导幼儿进行多角度思考或想象。

4. 体育教育

通过体操、武术、舞蹈、太极拳等运动项目创造丰富的特定造型，为位置觉练习提供良好的载体。

（二）动觉练习

动觉即动态本体觉，是本体觉训练的重心。动觉训练从动作要素入手，就动作的各种具体属性加以练习。

（1）动作部位的觉知练习：觉知身体的各部位及分区，如"现在动的这个部位叫大拇指"，"是膝关节在动还是脚踝在动，还是两者同时动？"。

（2）动力的觉知练习：训练初期，教师在对幼儿施加刺激的同时，应准确告知幼儿当下感受到的刺激属性及其名称，引导幼儿将觉知到的属性与相关概念相联系，为后续练习做准备。训练中期，可在实施刺激的过程或结束时，要求幼儿报告感受到的刺激属性。训练后期，要求幼儿觉知刺激属性后，以教师为对象再现刺激属性。如在幼儿能够完成上述练习的情况下，可进行高位统合训练。

（3）动作方式的觉知练习：动作方式是动觉训练的核心。遵循"详细解析动作部位和动作方式"—"觉知、理解与识记"—"觉知再现"—"模仿"—"高位统合练习"的顺序进行。

二、本体觉功能练习的注意事项

（1）训练人员及家长需要全面学习相关知识，并进行反复练习。

（2）解析是基础，整合是目的。

（3）区分运动训练和本体觉练习。

（4）高位统合练习要根据具体实际情况开展。

三、本体觉练习的活动设计

练习：寻宝大行动

1. 练习目标

（1）通过讲故事的方式完成情景导入，幼儿对游戏的目的、任务形成初步的印象。

（2）通过穿过"丛林"找寻宝藏，培养幼儿的方向感和身体方位感。

（3）通过任务卡的指令完成相应动作，锻炼幼儿身体协调性、平衡能力、记忆能力。

2. 练习场地

选择较大且能摆放道具的场地。

3. 练习器械

桌子、轮胎、滑滑梯、平衡木、垫子、帐篷、整理箱、任务卡。

4. 练习过程

情景导入：有一名小探险家乐乐在丛林的深处发现了很多宝藏，于是需要小朋友帮助他一起找寻宝藏。乐乐沿路留下了三张藏宝图，要找到宝藏就必须先找到藏宝图。我们要完成藏宝图上的任务才能获得下一站的地名。现在就出发吧！

（1）第一站：爬隧道。

①道具摆放：将桌子并排摆放，桌子下方为隧道。将第二站任务卡藏于隧道出口右上方。

②情景描述：第一站来到一座很长的隧道，小朋友需要爬行通过隧道。爬出隧道后转身面对隧道口站立，观察右上方就能找到第一张藏宝图了。

③游戏安排：幼儿须爬行通过隧道（爬行通过桌子下方）。爬过隧道后，面对隧道出口站立并在右上方找寻第一张任务卡。随后，按第一张任务卡的要求完成任务。

④任务卡提示：原地转5圈后，才能通往下一站目的地（雪山）。

（2）第二站：爬雪山。

①情景描述及道具摆放：滑梯为高山；轮胎排摆成两列纵队即为被大雪覆盖的山路。

②游戏安排：幼儿需先登上高山（滑梯顶端），再下山（从滑道滑下），经过被大雪覆盖的山路（轮胎区）。在此过程中，找寻第二张任务卡。

③任务卡提示：说出轮胎区轮胎的数量即可通往下一站目的地（大河）。

（3）第三站：渡大河。

①情景描述及道具摆放：平衡木为连通大河两岸的桥；平衡木的另一端摆放一个软垫和一个帐篷，为一名猎户的家。

②游戏安排：幼儿需通过大桥（平衡木）到达河对岸的猎户人家（软垫、帐篷），并在猎户的家中找到了第三张任务卡。

③任务卡提示：幼儿连续前滚翻两次后即可获取藏宝地点。

（4）第四战：找到宝藏。

宝藏就在宝箱里。

5. 练习的变式

本游戏是由定向越野运动改编的，通过情景导入的形式，带领幼儿一站一站地寻找宝藏，此游戏符合幼儿的年龄特征。教师可本着就地取材的原则，根据现有的器材设置不同的情景和游戏环节。

幼儿感觉统合失调的特征与评估

感觉统合失调是一种在幼儿的早期阶段，由于各种原因，如家庭、教师和幼儿自身等对其进行错误或者不全面的训练而导致其产生的身心异常现象。主要体现在五方面：本体觉统合失调、触觉失调、视觉统合失调、听觉统合失调、前庭功能平衡感觉统合失调。这些现象普遍存在于感觉统合失调的幼儿中，是感觉统合评估和训练的重点。通过各种相关的测试方法和评估手段反映幼儿的感觉统合能力，从而得知其存在的问题，使之能更好地开展感觉统合训练。

◆ 掌握幼儿感觉统合失调特征的表现。

◆ 熟知幼儿感觉统合的测试方法。

◆ 了解幼儿感觉统合失调的评估手段及方法。

第一节　幼儿感觉统合失调特征的表现

一、本体觉统合失调

本体觉是指来自身体内部的肌、腱、关节等运动器官在不同状态下产生的感觉，包括位置觉、运动觉和震动觉等。

（一）本体觉失调的主要现象

1. 动作协调能力较差

通常无法很好地处理身体各个肢体之间的关系，在旋转、跑动、闭眼时非常容易摔倒，动作笨拙。

2. 表达沟通能力差

表达沟通能力差的幼儿，无法很好地控制舌头、嘴唇、声带，容易出现语言障碍，如沟通不畅，发音不清晰等。

3. 力量控制较差

不能准确地控制力量，会因为力量过大损害物品或者力量过小抓不住物品。

4. 空间感知力较差

缺少方向感，如把鞋子穿反、走错方向、对物品的大小形状概念模糊、找不到东西等，这些表现其实就是因为幼儿的空间感知力较差。

（二）本体觉统合失调的常见表现

（1）动作笨拙、不协调，互动时会让对方感觉不和谐。

（2）方向和空间感知能力差且易迷路。

（3）害怕旋转或是跳动，容易摔倒。

（4）做事条理性不强，容易混淆一些事物，如数字66和99。

（5）力量控制差，易用力过度或用力过轻。

二、触觉失调

触觉失调就是人对外界的感觉与别人不一样的现象，它分为触觉敏感和触觉迟钝。

（一）触觉敏感

就是说对外界的微小变化产生一种过激的反应。这样的幼儿的脑神经抑制困难，导致触觉过分敏感，对任何信息都有反应，大脑经常处于动荡不安的状态，无法集中注意力，情绪不稳定。如他们穿着的衣服质料不同，或环境有微小的变化时，都会急于做出不适应的反应，于是重要的学习信息会被忽略，从而很难传入大脑了。

（二）触觉迟钝

就是排斥新事物，不能接受新事物，依赖旧的事物。由于排斥新的信息，这便需要加强旧的信息，于是就很依赖他们已经熟悉的旧的事物。这样的幼儿比一般其他幼儿更渴望被接触，表现得比较黏人。他们经常固执于某种行为，特别喜欢强烈又熟悉的旧的感觉。

（三）常见的触觉失调表现

（1）胆小敏感、黏人、不合群。

（2）注意力不集中，常会左顾右盼。

（3）耐心不足，脾气暴躁。

（4）不喜欢身体接触，讨厌洗脸、洗发和剪发。

（5）偏食、挑食，不喜欢分享。

（6）喜欢吮吸手指、揪头发、咬指甲。

（7）不喜欢别人由背后靠近，缺乏安全感。

三、视觉统合失调

视觉是光作用于视觉器官，使其感受细胞兴奋，其信息经视觉神经系统加工后

产生的感觉。评价视觉不能以视力为标准，视觉分成形觉（也就是辨别物体的形状）、光觉（也就是形成对光的感觉）、色觉（也就是辨别颜色的能力），以及立体视觉。幼儿双眼视觉神经和视觉肌肉的成熟是焦距稳定的重要基础，当焦距发育稳定后，幼儿自身的阅读能力与注意力会得以提高。

常见的视觉统合失调表现：

（1）对明亮的光线敏感，方向感较差。

（2）日常的生活中容易遗忘和丢失东西。

（3）不能集中精力地关注某一样东西，阅读能力不强，会出现漏字漏行。

四、听觉统合失调

听觉是声波作用于听觉器官，使其感受细胞处于兴奋状态并引起听觉冲动，经各级听觉中枢分析后引起的感觉。听觉是儿童语言表达能力的基础。听觉失调会使儿童语言发育比较迟缓，说话有时候含糊不清，不能确切地表达自己的意思和情感。针对这种情况，在日常生活中应多进行多样声音的刺激练习。

常见的听觉统合失调表现：

（1）经常充耳不闻，忽视家长和教师的话。

（2）喜欢东张西望，经常打断别人的说话，不尊重他人。

（3）注意力不集中、做小动作。

（4）喜欢突然尖叫或自言自语。

（5）幼儿时期语言功能发育较迟缓，口齿不清。

五、前庭功能平衡感觉统合失调

前庭器官是指人体运动状态和头部在空间位置的感受器。众所周知，在人体的众多感受器中，前庭是最敏感的，在做行走和转头等动作时使头部空间位置发生轻微变化，前庭器会改变刺激传达的过程，进而做出相应的行为反应。前庭失衡会使幼儿无法准确地判断距离和方向，动作协调能力差，注意力不集中，情绪控制能力差。

常见的前庭功能平衡感觉统合失调表现：

（1）注意力不集中，多动、散漫。

（2）说话晚，语言表达有困难甚至出现障碍。

（3）容易放弃、生气，无法控制自己的情绪。

（4）协调性差，常撞到东西或跌倒。

（5）不敢荡秋千、摇摇椅等，一转就晕。

第二节　幼儿感觉统合失调的测试方法

一、测试项目来源

幼儿感觉统合能力测试项目来源于《3－6岁儿童学习与发展指南》的健康动作发展部分、《国民体质测定标准手册（幼儿部分）》、MABC–2操作测试[1]。

二、幼儿感觉统合能力测试

（一）测试内容（见表3–1）

表3–1　测试内容

年级	内容
小班	单腿站立、闭眼单足站立、30米布袋跳时间、30米羊角球时间、30米滑板爬时间、10米直线走、双脚连续向前跳（个）、在距离1.5米处接沙袋（可用身体辅助）、单手扔沙包、双手抓杠悬空吊时间、10米折返跑、放置硬币时间、串珠、描画

---

[1] 向源. 自闭症儿童与普通儿童动作发展水平的对比研究[D]. 武汉：华中师范大学，2019.

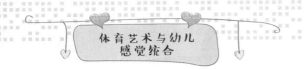

续上表

年级	内容
中班	单腿站立、闭眼单足站立、30秒拍皮球数量、30米布袋跳时间、30米羊角球时间、30米滑板爬时间、双脚连续向前跳（个）、单脚连续向前跳、在距离1.8米处接沙袋（可用身体辅助）、单手扔沙包、双手抓杠悬空吊时间、走平衡木、10米折返跑、放置硬币时间、串珠、描画
大班	单腿站立、闭眼单足站立、30秒拍皮球数量、30米布袋跳时间、30米羊角球时间、30米滑板爬时间、双脚连续向前跳、单脚连续向前跳、在距离1.8米处接沙袋（不可用身体辅助）、单手扔沙包、双手抓杠悬空吊时间、走平衡木、连续跳绳、10米折返跑、放置硬币时间、串珠、描画

（二）测试方法

1. 单腿站立

测试时，幼儿两手自然放在身体两侧，任意抬起一只脚，教师开始计时，幼儿脚落下至地面，教师停止计时。

2. 闭眼单足站立

测试时，幼儿自然站立，当听到"开始"口令后开始计时，闭上双眼，选择优势腿单脚站立，非优势腿抬离地面，且不能靠于支撑腿，两臂自然垂于身体两侧。当幼儿支撑脚移动或抬起脚着地时，停止计时。

3. 30米布袋跳时间

测试时，幼儿套好布袋，站在起跳线后，当听到"开始"口令后，幼儿起跳即开始计时，幼儿进行起跳，直至身体过终点，停止计时。

4. 30米羊角球时间

测试时，幼儿坐在羊角球上，双手抓住羊角，在起跳线后，当听到"开始"口令后，幼儿起跳即开始计时，幼儿进行起跳，直至身体过终点，停止计时。

5. 30米滑板爬时间

测试时，幼儿趴在滑板上，在起点线后，当听到"开始"口令后，幼儿起动即开始计时，幼儿利用双手进行滑行，直至身体过终点，停止计时。

6. 10米直线走

测试时，幼儿站在直线上，在起点处，当听到"开始"口令后，幼儿起动即开始计时，幼儿双脚交替走直线，直至身体过终点，停止计时。

7. 双脚连续向前跳

测试时，幼儿两脚并拢，站在起跳线后，当听到"开始"口令后，幼儿起动即开始计时，幼儿双脚同时起跳，双脚一次或两次跳过一块软方包，直至连续跳过10块软方包，停止计时。

8. 单脚连续向前跳

测试时，幼儿单脚站立，站在起跳线后，当听到"开始"口令后，幼儿起动即开始计时，幼儿单脚跳，直至连续跳过5块软方包，停止计时。

9. 接沙袋

测试时，幼儿距离教师一定距离，利用双手接住教师投掷的沙袋。

10. 单手扔沙包

测试时，幼儿身体面向投掷方向，两脚前后分开，站在投掷线后约一步距离，单手持沙包举过头顶，用力向前掷出。沙包掷出后，后脚可以向前迈出一步，但不能踩在或越过投掷线，有效成绩为投掷线至球着地点之间的直线距离。

11. 双手抓杠悬空

幼儿双手正握单杠（双手距离与肩同宽），两臂伸直成悬垂，记录幼儿双手正握单杠直到手离杠的时间。

12. 走平衡木

测试时，幼儿站在平台上，面向平衡木，双臂侧平举，当听到"开始"口令后，幼儿开始前进即开始计时，当幼儿任意一个脚尖超过终点线时，停止计时。

13. 10米折返跑

测试时，幼儿至少两人一组，以站立式起跑姿势站在起跑线后，当听到"跑"的口令后，全力跑向折返线，幼儿起动即开始计时。幼儿跑到折返处，用手触摸物体后，转身跑向目标线，停止计时。

14. 放置硬币

测试时，幼儿坐在桌子旁边，双手贴在桌面，当听到"开始"口令后，幼儿将桌子上 1 枚 1 元硬币立好。幼儿起动即开始计时，当幼儿立好硬币时，停止计时。

15. 串珠

测试时，幼儿坐在桌子旁边，双手贴在桌面，当听到"开始"口令后，幼儿左手拿起绳子一端，右手拿珠子，绳子对准孔眼穿过去。直至幼儿穿好 10 个珠子时，停止计时。

16. 描画

测试时，幼儿坐在桌子旁边，双手贴在桌面，当听到"开始"口令后，幼儿利用一只手拿起画笔，幼儿起动即开始计时，当幼儿描好画时，停止计时。

第三节　幼儿感觉统合失调的评估手段和方法

一、幼儿感觉统合失调的评估手段

（一）从儿童感觉统合行为评估

简单的行为观察源自儿童的日常活动，例如从日常用餐、游玩及学习情况中去观察有关感觉统合的问题。感觉统合失调的观察方式最主要是通过对幼儿行为的观察，再与标准化的常模比较，从而判断儿童感觉统合失调存在的问题，作为感觉运动诊断指导的参考。观察内容包括以下项目：习惯用手、用眼，站立姿势、走路姿势，两脚直立、单脚站立，排纵队走路，站立行为检查，脚踩踏测试，提示行为测试。上肢伸展测试，眼球运动，肌肉反应，同时收缩、慢动作、交互反复动作，拇指对合运动，拇指、食指、中指移动运动，手指摸鼻运动，舌头运动、口唇运动，直立站姿反应，保护伸展反应，平衡反应，对称性颈部张力反射、非对称性颈部张力反射，腹部着地伸展姿势、背部着地伸展姿势，敏锐，单脚跳、轻跳，背部运动，重力不稳，触觉防御，多动、少动，注意力分散，回转后的眼球震荡。

儿童感觉统合失调行为观察可分为以下四方面：

（1）对感觉刺激的反应主要是观察儿童感觉统合失调视觉、听觉、触觉、前庭觉等感觉刺激的反应，例如观察视力的程度，对形状、位置、方向的辨别能力，手眼协调能力以及空间知觉能力等；观察对声音大小、方向、距离的判断，对语言的了解以及用正确语言表达和沟通等；观察触觉反应，是否害怕与别人接触，是否害怕陌生环境，用手摸看不到的东西时能否正确判断其形状等；观察前庭觉的反应，在剧烈旋转或摇晃的玩具上是否头晕或害怕，直线运动、回转运动、身体倾斜时是否有异常反应等。

（2）观察肌肉反射状态主要是观察不同姿势下肌肉的紧张程度，不随意运动（身体灵活性、协调、运动企划等）以及非对称性紧张性颈反射等。

（3）观察运动行为的状态。主要包括直立站姿反映、平衡感、身体双侧协调能力、中线交叉运动能力和惯用手等。

（4）其他幼儿感觉统合失调的生育历程（胎位不正、早产或剖宫产）、注意力集中程度、好动程度、人际关系、日常独立能力（吃、睡、排泄习惯等）、读写学习能力等的了解，均有助于行为评估。

（二）从日常生活中评估

幼儿感觉统合失调在日常生活中的各种表现是发现和观察是否存在问题的直接而准确的信息，善于观察这些行为表现对父母、教师以及感觉统合治疗的医生来说都是十分重要的。

感觉统合能力不良的幼儿，在日常生活中常出现以下四种情况：

（1）穿脱衣服困难。主要表现为不会扣扣子或扣扣子出现困难，因为需要双手协调合作，拇指和食指灵活配合才能胜任。扣子的形状、大小、位置也会影响扣扣子动作。身体感觉不良、各部位形象不清的幼儿感觉统合失调常有这方面的困难。

因此，应让幼儿多做练习以增强手指的运动能力与灵活协调能力。

不会穿脱鞋子和系鞋带。通常换鞋子是坐着、弯着身子的，有些幼儿身体僵硬，缺乏耐性，穿脱鞋子困难，系鞋带更显困难。

穿裤子困难。穿脱裤子的动作通常难度较大，尤其单脚弯曲离开或进入裤管时，平衡能力非常重要，很多感觉统合失调的幼儿在这方面经常会遇到挫折。

（2）用餐时的问题。婴幼儿时期，惯用手通常不清楚，最快也得3岁以后才能做出清楚的判断。感觉统合能力差的幼儿吃饭时不知到底用哪只手去拿汤匙、筷子（拿笔、玩具以及投球等也是这样）。

（3）游戏时的异常现象。感觉统合能力发展不佳的幼儿，由于手脚灵活性、协调性及平衡能力较差，在进行游戏活动时明显不如其他幼儿。如动作笨拙、缓慢，缺乏自主性等。

（4）读写异常是由于手指的灵活性较差、手眼协调能力发展不良，致握笔写字出现困难（肌肉张力发展不足），上课不能端坐，东倒西歪，出现弯腰驼背、两手无处放、常双手托在腮上等现象。听、视觉协调能力较差，使有些幼儿感觉统合失调，对听到的声音无法及时理解，因此无法和视觉相配合。

（三）运用教具进行幼儿感觉统合失调评估

在进行感觉统合运动的指导时，从幼儿操作教具时的反应，更能看出幼儿这方面的问题。小滑板是Jean Ayes经过多年研究及临床实验所设计的运动用具，幼儿对小滑板滑行方向的控制、操作滑板时手的灵活性以及在滑板上的情绪表现等，都有助于我们判断幼儿存在的问题。瑜伽球是练习身体和地心引力之间相协调的非常重要的用具。旋转浴盆可以用来测试幼儿的平衡能力及运动企划能力的成熟程度。

（四）应用标准化量表进行儿童感觉统合失调功能发展评估

目前国内有标准化的评定量表——"儿童感觉统合失调能力发展评定量表"（以下简称"感觉统合量表"）。该量表主要包括以下几个方面的问题：前庭失衡、触觉功能不良、本体觉失调、学习能力发展不足、大年龄儿童。

前庭功能是脑干过滤感觉信息，输入大脑形成学习信息的一种功能。感觉信息中有些矛盾、错误的信息有赖于脑干的前庭网膜来进行统合和整理。大脑输入的信息也是由前庭功能来进行轻、重、缓、急的整理，快速地取得大脑和身体的完全协调。前庭失衡主要表现为平衡能力不佳，空间认知错误，四肢和身体运动上的严重不协调，容易被绊倒、手眼协调能力差等。触觉过分防御是指触觉敏感。触觉过分防御的儿童对外界刺激适应性较差，害怕陌生，不喜欢他人触摸等，而且常常会喜欢某些特殊的感觉，如偏食、吸吮手指、触摸生殖器等。触觉迟钝的儿童反应慢，动作不灵活、分辨能力差。本体觉失调时本体器官（肌肉、肌腱、关节囊的感受器等）发生障碍，导致动作笨拙（如不会系鞋带、不会扣纽扣等）、孤僻（不合群、人际关系差等）。学习能力发展不足的幼儿会出现阅读、计算等问题，如跳读、漏字漏行，写字笔顺颠倒、偏旁部首弄错等。

二、幼儿感觉统合失调的评估方法

每个感觉统合失调的儿童情况不尽相同。因此，首先要判断失调的严重程度。用感觉统合量表测评的方法从国外引进，程序科学、全面、系统、易掌握操作。

（一）感觉统合量表的使用说明

感觉统合量表主要包括感觉统合测评表（见表3-2）、感觉统合测评核对表（见表3-3）、感觉统合测评核对结果表（见表3-4）、感觉统合测评T分转换表（见表3-5）等，用来判断儿童感觉统合能力发展程度及失常的严重程度。

1. 感觉统合测评核对表的内容

共64题，分为八个方面。

（1）第1～11题是前庭平衡和大脑双侧分化部分。

（2）第12～20题是脑神经生理抑制困难部分。

（3）第21～34题是触觉防御部分（脾气敏感）。

（4）第35～45题是发育期运用障碍部分。

（5）第46～50题是视觉空间和形态感觉失常部分。

（6）第51～60题是重力不安全部分。

（7）第 61～62 题是情绪反应部分。

（8）第 63～64 题是自我形象不良部分。

感觉统合测评核对表，每一个问题设计简单、明确、易懂，不受文化程度的限制。

2. 如何填写感觉统合测评核对表

正确填写感觉统合测评核对表是评定儿童感觉统合情况的关键，要客观，具体要求为：

（1）参与填表人应是了解儿童生长情况的父母（综合家庭成员及专业教师的意见）做客观勾选。

（2）参考 BP 值填写（B 值没有发生，依 P 值填写）。

（3）填写时，要求不漏项。

（4）学龄前儿童遇到学龄期问题可不答（61～64 题不填）。

（5）表的八个部分，可单独核计分数，不受总分数影响，专业教师可做交叉分析。

（6）B，P 的含义。B：以往曾有过；P：目前情况；B+P：从小至今持续出现所述情况。

3. 感觉统合测评核对结果表的使用

感觉统合测评核对表的结果评定有赖于常模的应用。

（1）常模适用年龄 3～12 岁儿童，2～3 岁幼儿可以参考应用。

（2）记分时按八个部分分别计 1～5 分。

每一题都分为："没有"计 1 分；"很少"计 2 分；"偶尔"计 3 分；"常常"计 4 分；"总是"计 5 分。

4. 感觉统合测评 T 分转换表的使用

将每一题的分数累计加起来，总分数为该部分的原始分，再将原始分转换为"T 分"。

（1）T 分小于 30 分为重度失常。

（2）30～40 分为中度失常。

（3）40～50 分为轻度失常。

（4）50±5 为正常值。

感觉统合测评核对结果表，感觉统合训练计划安排，感觉统合诊疗追踪表，根据具体情况，因人而异，可详细或简明扼要填写，教师清楚即可。

（二）感觉统合测评表（教师指导家长填写）（见表3-2）

表3-2　感觉统合测评表

儿童姓名＿＿＿＿＿＿　性别＿＿＿　年龄＿＿＿＿　家长姓名＿＿＿＿＿＿＿＿

联系电话＿＿＿＿＿＿　地址＿＿＿＿＿＿＿＿＿＿＿＿＿＿＿＿＿＿＿＿＿

儿童的生理发展与学习、情绪有密切关系，要提升学习能力和使儿童保持良好的情绪，必先了解儿童的生理发展，因此我们设计了下面的问卷，请您根据平时对儿童的观察填写。

请家长简述儿童在学习和情绪方面的困难和问题：

1.　　　　　　　　　　　　　　2.

3.　　　　　　　　　　　　　　4.

5.　　　　　　　　　　　　　　6.

★P 目前情况　　★B 以往曾有过　　★PB 从小至今持续出现所述情况

● 请与指导教师做客观勾选。

● 儿童若未到该题所指年龄，请不要圈选该题。

● 题中情况若只呈部分现象而非全部，请评勾部分情况，并画线标出。

没很偶常总 有少尔常是	没很偶常总 有少尔常是	没很偶常总 有少尔常是	没很偶常总 有少尔常是
1. BP □□□□□	17.BP □□□□□	33.BP □□□□□	49.BP □□□□□
2. BP □□□□□	18.BP □□□□□	34.BP □□□□□	50.BP □□□□□
3. BP □□□□□	19.BP □□□□□	35.BP □□□□□	51.BP □□□□□
4. BP □□□□□	20.BP □□□□□	36.BP □□□□□	52.BP □□□□□
5. BP □□□□□	21.BP □□□□□	37.BP □□□□□	53.BP □□□□□
6. BP □□□□□	22.BP □□□□□	38.BP □□□□□	54.BP □□□□□
7. BP □□□□□	23.BP □□□□□	39.BP □□□□□	55.BP □□□□□
8. BP □□□□□	24.BP □□□□□	40.BP □□□□□	56.BP □□□□□
9. BP □□□□□	25.BP □□□□□	41.BP □□□□□	57.BP □□□□□
10.BP □□□□□	26.BP □□□□□	42.BP □□□□□	58.BP □□□□□
11.BP □□□□□	27.BP □□□□□	43.BP □□□□□	59.BP □□□□□
12.BP □□□□□	28.BP □□□□□	44.BP □□□□□	60.BP □□□□□
13.BP □□□□□	29.BP □□□□□	45.BP □□□□□	61.BP □□□□□
14.BP □□□□□	30.BP □□□□□	46.BP □□□□□	62.BP □□□□□
15.BP □□□□□	31.BP □□□□□	47.BP □□□□□	63.BP □□□□□
16.BP □□□□□	32.BP □□□□□	48.BP □□□□□	64.BP □□□□□

（三）感觉统合测评核对表（见表3-3）

表3-3　感觉统合测评核对表

使用方法：1. 本表要求与家长填写的"感觉统合测评表"配套使用。

　　　　　2. 填写时要求家长保持安静，认真听教师念每一题，然后根据题目的内容在后面列出的五种情形中选勾。

　　　　　3. 教师应在念完题目内容后，观察家长是否已明了题目的含义，如有不理解，应做适当解释。

　　儿童的生理发展与学习、情绪有密切关系，要提升学习能力，和使儿童保持良好的情绪，必先了解儿童的生理发展，因此我们设计了问卷，请您根据平时对儿童的观察填写。

请家长简述儿童在学习和情绪方面的困难和问题：

（1）　　　　　　　　　　　　（2）

（3）　　　　　　　　　　　　（4）

（5）　　　　　　　　　　　　（6）

★ P 目前情况　　★ B 以往曾有过　　★ P+B 从小至今持续出现所述情况

● 请与指导教师做客观勾选。

● 儿童若未到该题所指年龄，请不要圈选该题。

● 题中情况若只呈部分现象而非全部，请评勾该部分情况，并画线标出。

1. 前庭平衡和大脑双侧分化

（1）幼儿特别爱玩旋转游戏，不觉得晕。　　　　　　　　　　BP □□□□□

（2）幼儿健康，智商正常，但好动、注意力不集中。　　　　　BP □□□□□

（3）在眼睛看得见的情况下，屡碰撞桌椅、杯子或旁人，方向和距离感差。　BP □□□□□

（4）手舞足蹈，吃饭、游戏时双手或双脚协调性差，常忘另一边。　BP □□□□□

（5）表面上为左撇子，但左右手都运用，或尚未固定偏好使用哪一只手。　BP □□□□□

（6）大动作笨拙，容易跌倒。跌倒时不会用手支撑保护自己；辅助他起身时显得笨重。

　　　　　　　　　　　　　　　　　　　　　　　　　　　　BP □□□□□

（7）语言发展相对滞后。　　　　　　　　　　　　　　　　　BP □□□□□

（8）长时间看电视。　　　　　　　　　　　　　　　　　　　BP □□□□□

（9）俯卧地板、床上时，无法把头、颈、胸、手脚举高离地（如飞机状）。　BP □□□□□

（10）喜欢听故事，不喜欢看绘本。　　　　　　　　　　　　　BP □□□□□

（11）走路、跑跳常碰撞东西，不善投球。　　　　　　　　　　BP □□□□□

2. 脑神经生理抑制困难

（12）注意力分散，小动作多。　　　　　　　　　　　　　　　BP ☐☐☐☐☐

（13）偏食或挑食：不吃水果、肉类、蛋类、软皮的食物，只吃白饭。　BP ☐☐☐☐☐

（14）见到陌生人时急于躲避或紧张捻衣角，皱眉头。　　　　　BP ☐☐☐☐☐

（15）高兴时又叫又跳。　　　　　　　　　　　　　　　　　BP ☐☐☐☐☐

（16）严重怕黑，到暗处要人陪同。　　　　　　　　　　　　BP ☐☐☐☐☐

（17）换床睡不着，换枕头或被子睡不好。　　　　　　　　　BP ☐☐☐☐☐

（18）家长为他用棉棒清洁鼻子和耳朵时，他很排斥。　　　　BP ☐☐☐☐☐

（19）喜欢往亲人的身上挨靠或搂抱，像被宠坏的孩子。　　　BP ☐☐☐☐☐

（20）睡觉时总爱触摸被角，需要抱安抚物，否则会情绪不安或睡不好。　BP ☐☐☐☐☐

3. 触觉防御过多及反应不足

（21）脾气不好。　　　　　　　　　　　　　　　　　　　　BP ☐☐☐☐☐

（22）在陌生的环境或人多的地方待不久，总想离开。　　　　BP ☐☐☐☐☐

（23）没原由地对公共游乐场所产生恐惧。　　　　　　　　　BP ☐☐☐☐☐

（24）常吮舔手指头或咬指甲，不喜欢别人帮忙剪指甲。　　　BP ☐☐☐☐☐

（25）不喜欢脸被别人碰和帮他洗脸。洗头或理发为最痛苦的事。　BP ☐☐☐☐☐

（26）家人帮他拉袖口和袜子，或协助穿衣服而碰他皮肤时会引起他的反感。　BP ☐☐☐☐☐

（27）游戏中或玩玩具时，担心别人从后面靠近。　　　　　　BP ☐☐☐☐☐

（28）到处碰、触摸不停，但又避免触碰毛毯和编织玩具的表面。　BP ☐☐☐☐☐

（29）不喜欢穿贴紧皮肤的长袖衣衫。　　　　　　　　　　　BP ☐☐☐☐☐

（30）不愿意与他人做肌肤接触。　　　　　　　　　　　　　BP ☐☐☐☐☐

（31）对某些布料很敏感，不喜欢特定布料所做的衣服。　　　BP ☐☐☐☐☐

（32）当家长原定的计划或结果改变时，会做出不能容忍的情绪。　BP ☐☐☐☐☐

（33）对无所谓的小伤觉得很痛而哭闹不止。　　　　　　　　BP ☐☐☐☐☐

（34）一直坚持依自己的方式游戏。　　　　　　　　　　　　BP ☐☐☐☐☐

4. 发育期运用障碍

（35）2岁尚不会自主排泄和使用蹲便器。　　　　　　　　　BP ☐☐☐☐☐

（36）2岁还无法正确用汤勺吃饭。　　　　　　　　　　　　BP ☐☐☐☐☐

（37）2岁不会玩骑上、爬下或钻进去等的大玩具。　　　　　BP ☐☐☐☐☐

（38）2岁半了还不会攀绳网。　　　　　　　　　　　　　　BP ☐☐☐☐☐

（39）2岁了不能配合家长穿脱衣服。　　　　　　　　　　　BP ☐☐☐☐☐

（40）2 岁了洗澡就哭。 BP ☐☐☐☐☐

（41）不会拿笔着色。 BP ☐☐☐☐☐

（42）饭桌上经常弄得很脏。 BP ☐☐☐☐☐

（43）玩玩具抓握动作很不顺手。 BP ☐☐☐☐☐

（44）行动迟缓。 BP ☐☐☐☐☐

（45）常惹事，如弄翻碗盘，弄洒牛奶，从车上跌落等，需家长特别保护。 BP ☐☐☐☐☐

5. 视觉空间、形态

（46）玩积木总比别人差。 BP ☐☐☐☐☐

（47）不喜欢陌生的地方。 BP ☐☐☐☐☐

（48）蜡笔着色不好，比别人慢，常超出轮廓或方格之外。 BP ☐☐☐☐☐

（49）拼图总比别人差。 BP ☐☐☐☐☐

（50）混淆背景中的特定图形，不易看出或认出。 BP ☐☐☐☐☐

6. 本体觉 （重力不安症）

（51）内向，不喜出去玩。 BP ☐☐☐☐☐

（52）上下阶梯多迟疑，登高不敢走动。 BP ☐☐☐☐☐

（53）被抱起举高时很焦虑地要把脚着地，经可信赖人的帮助会安心配合。 BP ☐☐☐☐☐

（54）对高地或有跌落危险时，表现非常害怕。 BP ☐☐☐☐☐

（55）不喜欢把头脚倒置。 BP ☐☐☐☐☐

（56）对游乐设施不感兴趣，不喜欢移动性玩具。 BP ☐☐☐☐☐

（57）对不寻常移动 （走不平地面）动作缓慢。 BP ☐☐☐☐☐

（58）上下楼梯很慢，紧紧地抓住栏杆。 BP ☐☐☐☐☐

（59）旋转时，很容易失去平衡。车行进中，转弯太快也害怕。 BP ☐☐☐☐☐

（60）不喜欢在凸起的地面上走。 BP ☐☐☐☐☐

7. 情绪反应

（61）常有情绪问题。 BP ☐☐☐☐☐

（62）脾气暴躁。 BP ☐☐☐☐☐

8. 自我形象不良

（63）对家长的指令听而不闻。 BP ☐☐☐☐☐

（64）不喜欢自己。 BP ☐☐☐☐☐

（四）感觉统合测评核对结果表（见表3-4）

表3-4 感觉统合测评核对结果表

姓名＿＿＿＿ 性别＿＿＿＿ 年龄＿＿＿＿ 联系方式＿＿＿＿＿＿

感觉统合发展各种综合状况	起止题号	原始分合计	T分合计	评估描述
1."前庭平衡和大脑双侧分化"部分	1～11			
2."脑神经生理抑制困难"部分	12～20			
3."触觉防御过多及反应不足"部分	21～34			
4."发育期运用障碍"部分	35～45			
5."视觉空间和形态感觉"部分	46～50			
6."本体觉（重力不安症）"部分	51～60			
7."压力情绪反应"部分（7岁以上）	61～62			
8."自我形象不良"部分（7岁以上）	63～64			
测评小结				

（五）感觉统合测评T分转换表（见表3-5）

表3-5 感觉统合测评T分转换表

表（一）1—11		表（二）12—20		表（三）21—34		表（四）35—45	
前庭平衡和双侧分化		脑神经生理抑制困难		触觉防御和反应不足		发育期运动障碍	
原始分数	T分数	原始分数	T分数	原始分数	T分数	原始分数	T分数
11	70	9	73	14	70	11	65
12	64	10	69	15	65	12	59
13	60	11	67	16	63	13	57
14	57	12	64	17	61	14	55
15	54	13	62	18	59	15	53
16	52	14	60	19	57	16	51
17	49	15	58	20	55	17	49

续上表

表（一）1—11 前庭平衡和双侧分化		表（二）12—20 脑神经生理抑制困难		表（三）21—34 触觉防御和反应不足		表（四）35—45 发育期运动障碍	
原始分数	T分数	原始分数	T分数	原始分数	T分数	原始分数	T分数
18	47	16	55	21	53	18	47
19	45	17	53	22	51	19	45
20	43	18	51	23	50	20	44
21	41	19	49	24	48	21	42
22	39	20	48	25	47	22	40
23	37	21	46	26	45	23	39
24	36	22	44	27	44	24	38
25	34	23	42	28	42	25	36
26	32	24	40	29	41	26	35
27	31	25	39	30	40	27	34
28	29	26	37	31	38	28	33
29	28	27	36	32	37	29	32
30	27	28	34	33	36	30	31
31	26	29	32	34	34	31	29
32	25	30	30	35	33	32	28
33	25	31	28	36	32	33	28
34	23	32	26	37	31	34	26
35	20	33	25	38	29	35	25
36	16	34	23	39	28	36	24
37		35	22	40	26	37	23
38		36	20	41	26	38	22
		37	16	42	25	39	21
		38		43	24	40	20
				44	22	43	16
				47	21		
				51	20		
				52	16		

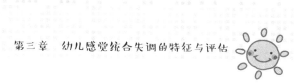

续上表

表（五）46—50		表（六）51—60		表（七）61—62		表（八）63—64	
视觉空间和形态感觉		本体觉重力不安症		压力情绪反应		自我形象不良	
原始分数	T 分数	原始分数	T 分数	原始分数	T 分数	原始分数	T 分数
5	61	10	64	2	57	2	57
6	54	11	59	3	49	3	48
7	50	12	56	4	44	4	43
8	48	13	54	5	38	5	38
9	45	14	52	6	33	6	33
10	41	15	51	7	29	7	28
11	38	16	49	8	25	8	25
12	35	17	48	9	22	9	20
13	32	18	46	10	20	10	16
14	30	19	45				
15	27	20	43				
16	25	21	42				
17	23	22	40				
18	22	23	38				
19	20	24	37				
20	16	25	35				
		26	34				
		27	33				
		28	32				
		29	30				
		31	29				
		32	26				
		33	25				
		34	23				
		36	22				
		40	16				

（六）班级幼儿感觉统合能力统计表（教师用）（见表3-6）

表3-6　班级幼儿感觉统合能力统计表

年级：_____　班级：_____　统计时间：_____

序号	项目 姓名	前庭评定：			触觉评定：			本体评定：			备注
		上	中	下	上	中	下	上	中	下	
1											
2											
3											
4											
5											
6											
7											
8											
9											
10											
11											

本章小结

　　感觉统合为幼儿综合能力的发展奠定了基础，它的作用将伴随着人的一生，因此，早期对感觉统合失调的测试、评估显得尤为重要，运用本章的方法对幼儿进行早测试、早干预，能为幼儿的感觉统合能力的发展打好基础。

思考与练习

　　1．根据本章内容、查阅文献，在生活中观察幼儿感觉统合失调特征的表现。

　　2．查阅文献，收集整理用于感觉统合失调的评估手段及方法，设计在课堂对幼儿的观察表。

　　3．参考本章内容，对感觉统合失调儿童进行家庭访谈并收集数据后进行整理和分析原因。

体育艺术活动

开展幼儿体育艺术活动要遵循幼儿的身心发育特点，以体育与艺术相结合的方式进行针对性的训练。体育艺术活动能在一定程度上对幼儿的身心发展起到积极的作用，掌握其教学优势，不仅使幼儿的身心发育程度得到提高，而且优化了课堂教学。

◆ 了解幼儿体育艺术活动的概念。

◆ 熟悉体育艺术活动对幼儿身心发展所起到的作用。

◆ 掌握体育艺术活动的教学优势。

第一节 幼儿体育艺术活动的概念

一、体育艺术活动的概念

体育活动是体育中的基本概念之一，外延宽泛，包括各种体育项目的实践形式以及体育领域中的各种相关活动。

体育活动的某些形式与艺术活动的某些形式十分相似，体育项目中的各种竞技运动发展至今，越来越多地使用形体语言去展示或表演某种预定的情节或程式，从而表现出一定的思想感情与智慧，使其表演色彩更加的浓烈，更具艺术、审美的特性，这种"表演"与"表现"正是艺术活动的本质特征。舞蹈等项目属于艺术活动，但是身体训练与技术活动却与体育活动相像，这种体育与艺术交叉渗透的活动形式，统称为体育艺术活动。[①]

体育艺术活动不受固定规则、器材、场地、设备、参与对象的限制。健康越来越被人们重视，体育艺术活动也受到了人们的关注，成为一种参与程度极高的社会文化活动。

二、幼儿体育艺术活动的概念

遵循幼儿身心发育特点，将幼儿体育艺术活动定义为：以各种形式的体育、文艺以及文体表演为表现素材，以身体活动为主要表现形式，以满足幼儿身心健康发展为前提，以展现良好精神风貌及优美形体为主要目的，配合音乐、舞蹈等相关艺术元素，形象具体地反映或再现社会生活，体现体育精神的综合性活动。

---

①李敏，马鸿韬.体育艺术基本理论体系构建——"体育艺术"概念辨析[J].北京体育大学学报，
  2011(5)：30-35.

第二节　体育艺术活动对幼儿身心发展的作用

一、体育艺术活动对幼儿身体发展的作用

（一）体育艺术活动对幼儿前庭觉发展的作用

常规的体育课程虽然对幼儿身心发展具有良好的影响，但没有针对感觉统合的前庭功能进行干预，而体育艺术活动的教学内容则是根据感觉统合能力进行针对性教学。体育艺术活动内容包含一些稳定与不稳定状态，使身体保持平衡的基本稳定性练习，强调关节灵活性与稳定性的平衡。平衡有静态和动态之分，而体育艺术活动是静态与动态互相平衡发展的过程。静态平衡体现在一些站立和动作变化上维持身体平衡的练习，如单脚站立、闭眼单脚站立等；动态平衡体现在走平衡木以及在旋转跳跃中控制身体方向的练习等。半规管、椭圆囊和球囊合称前庭器官，是人体对自身运动状态和头在空间位置的感受器。直线变速运动是一个对椭圆囊和球囊适宜的运动刺激，从而使人在平移运动或重力运动中，能够保持身体的平衡，属于静态平衡；旋转加速度运动是一个对半规管适宜的运动刺激，从而使人在旋转运动中保持身体平衡，属于动态平衡。体育艺术活动内容的中快速反应双脚前后跳，双脚转髋旋转 90° 跳，小碎步加冲刺跑等内容的练习，还有一些常规动作，如手肘支撑、俯卧，都是对幼儿进行多关节、多方向的练习，注重对幼儿空间方位感和平衡感的把控，通过进行连续的转体和冲刺，连续产生多方向的加速度，不断刺激失调幼儿的前庭感觉器官，从而改善前庭失衡的问题。

通过查阅大量资料得知，在前庭功能方面失调的幼儿会表现出平衡感较差，对方位感模糊，上下肢协调有待提高等一系列问题。在跳跃练习过程中会发现，下肢力量比较薄弱的幼儿，相对那些能够正常完成转髋跳、旋转跳的幼儿，前庭失衡的

幼儿往往在跳跃转换时找不准方向或者是落地时身体稳定性差。因此，在对前庭失衡的幼儿进行训练时，选取多种跳跃练习、多方位空间感和平衡稳定性等练习，通过体育艺术活动不断刺激前庭觉。当机体运动发生幅度变化时，前庭感受器就会接收到来自内外部的感觉信息，感知人体空间位置以及运动变化，机体做出相应的身体反应即身体本能进行肌肉调节以维持人体平衡。通过一段时间的体育艺术活动练习后发现，大部分前庭觉轻度失调的幼儿转变为正常，在后期练习过程中，下肢力量明显增强，上下肢协调配合的动作练习也明显熟练协调，空间方向感也明显增强，旋转跳跃类练习也能一步到位并保持身体平衡稳定，动作也较为规范准确。

（二）体育艺术活动对幼儿本体觉发展的作用

在进行体育艺术活动中，机体肌肉始终保持紧张、运动的状态，通过上下肢推拉和旋转，各种关节的屈伸运动和全身运动，以及骨骼肌的收缩反应，本体觉系统做出相应的状态，最后在某种运动状态下转化为神经冲动，将这一系列传递过程输送到大脑。

在进行体育艺术活动时，本体觉起到调节人体中枢神经系统、骨骼的活动及协调各关节的位置变化的作用。本体觉功能对体育艺术活动的练习起着非常重要的作用。幼儿的基本运动能力是在本体觉功能参与的前提下完成的，如爬、跑、跳等大肌肉动作练习，牵涉到小肌肉协调和手眼协调的精细动作也离不开本体觉功能的参与。本体觉主要是感知机体主动或被动做出的方向上或位置上的变化，肢体内或肢体间做出适应的协调性动作变化，以维持身体协调稳定。本体觉功能中的协调性与控制力对体育艺术活动的练习也起着非常重要的作用。体育艺术活动中，每一个板块的动作练习从动作要领上都对幼儿提出了一定的要求，尤其是动作准备、动作技能和力量与爆发力板块中。练习初期，幼儿在适应学习阶段会动作不协调，空间位置差距感较大，会出现动作偏差，上述情况在练习时常会被忽略，因为在学习新的内容时，机体的本体感受器经由大脑神经系统发出信号，感受器准确地接收来自大脑的信号后，才能进行肢体活动。有的幼儿动作质量较差、不规范，原因就是中枢神经和大脑没有进行顺利协调的合作。所以判断练习动作是否规范和符合要求，最关键的就是中枢神经和大脑皮质能否较好地相互协调配合。

从适应学习阶段到目标强化阶段，经过一段时间的体育艺术活动学习和练习，机体的本体感觉器官才能明确地向中枢神经传递正确的感觉信息，形成相应的正确的肢体活动，此时对下一阶段新的练习内容的学习就能起到良好的本体觉效果，对幼儿的机体有一定的本体觉刺激。本体觉能够感知幼儿在练习过程中的运动状态，为提高体育艺术活动的效率和提高动作练习的准确性，还需要继续对本体觉的刺激，进而提高本体觉能力来增强空间位置感和肌肉控制能力。因为人体在运动过程当中，肌肉的变化会引起感受器的兴奋，感觉信息经过感受器、神经中枢和肌肉的传递，使躯体位置、运动方向发生变化，保证练习动作的精准性。在练习过程中要求幼儿手、眼、脚的协调配合，尽可能保证练习动作质量，旨在提高神经系统对肌肉的调节和控制能力。如在体育艺术活动中的软组织再生与拉伸板块，幼儿肌肉被动牵拉和自重的力量性锻炼，能运动到身体各个肌群、骨骼和肌腱，对幼儿身体本体觉的浅层和深层肌肉进行刺激，使其本体觉刺激不断得到改善。

（三）体育艺术活动对幼儿触觉发展的作用

前庭觉和本体觉失调的针对练习都会对触觉器官产生相应部位的刺激，在练习过程中，经过介入触觉刺激，再做出对应的练习，对触觉功能的发展都可能会产生一定程度的影响。在幼儿健康发育过程中，人体动作形成与触觉息息相关。躯体通过感受器对来自内外环境的刺激反馈，产生各种深感觉和浅感觉，而触压觉是浅感觉的一种感知形式。触觉器官是人体最大的感觉系统，同时又伴随人体的各个方面。人体通过感知内外环境，会接收到各种各样的刺激，大脑中枢神经接收来自感觉器官收集的信息，并做出相应的刺激反应。如果在这一过程中没有很好的传递和协调能力，就会表现出触觉失调的反应，如触觉敏感或者过分防御等反应，这类幼儿主要表现为：训练中练习的反应或动作较迟钝，不敏捷，不到位；大脑的分辨能力较弱，处理信息能力不强，对某些无害触觉刺激表现出逃避、厌恶甚至害怕的行为，

躯体和情绪过度反应，不善与人交流沟通，具有胆小、有攻击行为等特点。这样的幼儿会变得"孤僻""不合群"等，长久下去性格会形成缺陷，影响学习成绩。体育艺术活动具有多样性与特殊性，教学内容中爬行类、俯卧仰卧类练习动作对幼儿进行的躯体上的触觉刺激，以及教师对幼儿肢体上的接触，幼儿之间需要两三人合作完成的练习内容等都会改善幼儿的不良触觉功能，对降低自我防御心理有一定的作用。

在体育艺术活动教学过程中鼓励幼儿互相协作完成某些动作的练习，既能增强合作意识，增进孩子间的感情，又对触觉进行一定程度上的刺激。及时表扬表现较好的幼儿，对表现偏下、略差的幼儿也需要用语言的提示来激励他们。语言和触觉类的相关练习，可以使幼儿的触觉系统得到双重刺激，从而使幼儿的触觉功能得到大幅度的提升。如单膝跪姿或双腿跪姿胸前推球、旋转过顶砸球等的训练，使幼儿与球或其他器械产生直接接触，通过幼儿躯体不同的运动来改变躯体与球接触时的压力，使球与幼儿皮肤不断产生刺激和压迫进而对幼儿触压觉产生一定的刺激。运用两人配合、比赛、重复循环练习以及团队体育游戏等方法吸引学生注意力，通过提高注意力和专注力来达到改善触觉敏感的目的。触觉迟钝的幼儿过分防御和反应慢，采用重复练习来介入影响。实验内容中运用绳梯和快速反应以及折返跑和小碎步冲刺跑等能量系统发展的练习，对触觉功能进行调节。在实验前进行感觉统合量表测试时，判定为触觉轻度失调的幼儿表现为触觉迟钝，虽然幼儿在刚开始接触练习时会出现害羞甚至排斥的情况，但随着练习次数的增加，实验对象的反应敏感也不断提高。当人体的触觉器官不能精准地感知内外环境或者是触觉器官与中枢神经系统之间的协作出现问题，从而导致人体某一感受系统不能做出相对应的反应或行为时，可以进行反应、灵敏等相关练习来激发幼儿的触觉功能，使其触觉功能得到改善和调节。

二、体育艺术活动对幼儿心理发展的作用

（一）体育艺术活动对幼儿良好情感发展方面的作用

3～6岁幼儿正处于生长发育时期，在这个阶段的幼儿其行为最具情绪色彩，在进行体育艺术活动时，使用器械或者徒手进行活动，能直接刺激幼儿的情绪中枢，使其产生快乐、兴奋等良好的情绪体验。特别是他们在获得活动成功时，这些良好的情绪体验会促进幼儿愉快、活泼、开朗、积极和充满信心的个性心理品质的发展。体育艺术活动还能转移幼儿的注意力，使其不良的情绪得以释放和消除。在这个阶段，教师、家长要给予他们长期的、积极的情绪情感体验，这样有利于幼儿心理的正常发育。

（二）体育艺术活动对幼儿个性发展方面的作用

个性是指在一定社会历史条件下，个人所具有的意识倾向性以及经常出现的、较稳定的心理特征的总和。体育艺术活动为幼儿个性的发展提供了有利的条件，其可以广泛地培养幼儿的兴趣，提高幼儿的各种能力，同时还可以培养幼儿的勇敢、果断、自信、冷静等性格。例如，勇敢而独立地走过又窄又高的平衡板、能比其他幼儿先学会跳绳、能比别人投中更多目标等。他们往往会在教师的肯定以及同伴羡慕的眼光中建立自信，从而实现自我肯定，这种体验，将会对幼儿形成良好的自我价值感以及形成良好的个性产生积极的影响。

幼儿在进行体育艺术活动中会表现出不同的活动能力、性格、气质等各方面的个性特征。例如：有的幼儿运动时容易兴奋，动作速度快但是耐力差；有的幼儿反应迟缓，动作速度慢，不易激动；有的幼儿运动中表现灵活，适应能力强，但耐力差；等等。教师可以根据幼儿表现出来的不同的个性特征，有目的、有计划、有针对性地选择不同的体育艺术活动内容来促进幼儿良好个性品质的形成。

（三）体育艺术活动对幼儿社会性方面的作用

学龄前儿童正处于自我意识的高速发展期，这一时期的幼儿，其本体意识与集体规则意识容易产生冲突，理解规则和遵守规则的能力都比较欠缺。《3-6岁儿童学

习与发展指南》 中指出，"幼儿在活动时能与同伴分工合作，遇到困难能一起克服，与同伴发生冲突时能自己协商解决"①。在体育艺术活动中，幼儿们有着共同的愿望和目标，他们会互相学习、互相提醒、互相帮助、互相鼓励，遇到问题时会相互协商，想办法解决问题，而不是告状、哭泣、打闹。在体育艺术活动中，幼儿能真正感受到团队的力量，集体荣誉感也会得到进一步提升。

第三节　幼儿体育艺术活动教学的优势

一、提高幼儿的审美能力

审美能力是指人们对美的事物或艺术的欣赏与鉴别的能力，同时也是提高生活质量的基础。随着时代的不断发展与进步，教育部门开始重视学生审美能力的培养。而体育艺术活动属于体育与艺术交叉渗透的形式，外延宽泛。丰富多彩的幼儿体育艺术活动种类，能够为幼儿审美教学提供大量的教学资源。由此可见，在幼儿园开展幼儿体育艺术活动教学，对其审美教学领域的发展具有积极影响。这一教学变化，使幼儿对美的概念产生改变。幼儿不再根据文字或记忆了解美，而是通过实际接触去了解美。幼儿审美能力的提高，使其艺术内涵得以提升。在一定程度上，还有助于丰富幼儿的精神世界，使其审美经验得以大量积累。审美能力的提高与幼儿体育艺术活动教学是相辅相成、互相影响的关系。多姿多彩的幼儿体育艺术活动教学，使幼儿审美能力得以明显提高。

二、优化课堂氛围

传统的教学气氛往往比较严肃沉闷。从本质上讲，课堂氛围是指在教学过程中，

---

① 教育部. 3-6岁儿童学习与发展指南[M]. 北京：首都师范大学出版社，2012：9.

根据特定教学目标，使得师生情绪饱满、同心协力的课堂状态。师生之间同心协力，构建平等的关系，在课堂充满欢声笑语，调动幼儿参与热情，激发幼儿思维发散能力和创造能力，让幼儿沉浸在体育艺术活动的无限魅力之中，在教师不断指引下，幼儿探索并接受新知识，激发其内在学习动力。在创设课堂教学氛围过程中，教师是课堂氛围的组织者和建设者，因此在知识授予过程中，生动传神、激情满怀的教学态度，能有效降低幼儿心理压力，缩短师生心灵距离，允许幼儿质疑问难，活跃课堂气氛，在陶行知教育理论指导下，让幼儿在玩中学、学中玩，让教育充满娱乐性和知识性。

三、促进幼儿综合能力的提高

体育艺术活动可以通过个体或者集体来完成，在整个活动中，幼儿可以与同伴互帮互助，共同克服困难，这也在无形之中促进幼儿的社交能力、合作能力与创造能力的发展。例如组织彩虹伞游戏：幼儿先围着彩虹伞一圈，后双手拿起彩虹伞，将彩虹伞置于身前，教师播放音乐，当音乐节奏慢时，发出口令"小波浪"，幼儿需要轻轻地挥动彩虹伞，形成小波浪，音乐节奏快时，发出口令"大波浪"，幼儿需要用力挥动手臂，使彩虹伞形成大波浪，幼儿需要仔细听音乐的节奏来挥动手上的彩虹伞，通过手臂的不断抖动，发展幼儿的上肢力量。在整个过程中，都需要幼儿齐心协力才能使整个游戏顺利地完成。

本章对幼儿体育艺术活动的概念进行了界定，幼儿体育艺术活动作为一种新兴的手段，对幼儿的身心发展都起到了重要的作用，同时幼儿体育艺术活动在教学中的优势也逐渐地显露出来。

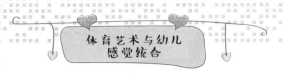

1. 简述幼儿体育艺术活动的概念。

2. 体育艺术活动对幼儿身心发展有什么作用?

3. 幼儿体育艺术活动教学有哪些优势?

第五章

体育艺术徒手与感统练习

　　徒手与感统活动是不借助任何器械或工具，运用不同的肢体动作进行感统练习的活动，这是幼儿园开展感统活动中比较常见的形式。充分了解徒手活动的原则、活动的创编与流程以及活动教学与实施的方法对实现感统活动的目标、提高感统活动的质量、促进幼儿感觉统合能力的发展具有重要意义。

◆ 了解幼儿体育艺术徒手类活动的原则。

◆ 熟悉幼儿体育艺术徒手类活动的创编与流程。

◆ 掌握幼儿体育艺术徒手类活动的教学与实施方法。

第一节　幼儿体育艺术活动的原则

一、安全性与生活性原则

（一）安全性

安全性是任何体育活动都必须遵守的原则，教师必须将幼儿的安全放在首位。学龄前的幼儿具有活泼好动、动作发展不完善以及自控能力较差等个性特点，教师在活动过程中要时刻关注幼儿的安全。首先，要尽可能选择软化的场地，减少活动中可能造成的伤害；其次，要时刻关注幼儿的活动状态，及时进行安全教育；同时要考虑幼儿的实际情况，动作的设计要动员机体的各个部位参与体育运动，使运动强度控制在合理范围内，确保幼儿的安全。

（二）生活性

幼儿的学习是以直接经验为主，在游戏和生活中完成的。教师要遵循生活性的原则，根据幼儿的需要和兴趣开展徒手与感统练习活动。一方面，活动内容的选择要生活化。如徒手活动中情境的创设以及音乐的运用要源于幼儿的生活经验，选择他们熟悉的素材。另一方面，活动方式的开展需要生活化。如创设有趣的、有探索性的场景，唤醒幼儿的生活体验，加强活动的自主性和开放性，引导幼儿乐于参与、主动参与活动的全过程。

二、科学性与综合性原则

（一）科学性

在开展徒手感统练习过程中要充分考虑不同幼儿的年龄特点以及个体差异，选择适宜的活动内容。幼儿的身心发展具有整体性和阶段性的特征，不同年龄阶段，或同一年龄段的不同幼儿在柔韧性、协调性、灵活性、反应速度等方面均存在差异性。因此感统练习活动也要考虑幼儿的差异性，突出不同的重点以及呈现不同的水平层次。另外，教师要把握适宜的运动量。如果运动量太小，则无法达到活动幼儿肌体的作用；如果运动量过大，则不符合循序渐进的原则，幼儿消耗过多的体力无法完成其他具有挑战性的活动。

（二）综合性

在开展感统练习活动时要综合考虑，突出全面的运动身体部位及运动方式。一方面，在活动设计的过程中要尽量涉及全身的各大重要部位，如四肢、腰胯等；另一方面，涵盖走、跑、跳、滚、翻等多种基本运动方式，并根据活动内容需要有机地组合。在这个过程中，目标的制定不仅要促进幼儿感统的发展，还要在活动中注重幼儿语言表达能力、社会交往能力的发展以及不怕困难、敢于挑战的精神品质的培养，从而促进幼儿全面提升。

三、趣味性与创新性原则

（一）趣味性

教师要尊重幼儿的身心发展特点和学习方式，满足幼儿在直接感知、实际操作和亲身体验中获取经验的需要。根据幼儿注意力易转移、易分散、持续时间短的特点，教师在开展徒手感统练习的过程中以游戏形式为主，保证活动的趣味性，激发幼儿的兴趣，增强参与度，促进练习目标的达成。一方面，教师可以选择贴合活动情景的音乐，调动幼儿的多种感官，激发幼儿的活动热情和想象力，增强节奏感和动作表现力。另一方面，在动作设计方面要生动有趣，可以选择幼儿熟悉或感兴趣的环节来调动幼儿的积极性。

（二）创新性

开展徒手与感统练习过程中的创新性一方面来源于教师，另一方面来源于幼儿。在教师方面，避免程序化地选择同样的活动动作，千篇一律的方式会使幼儿感觉到

枯燥、乏味，感统练习的效果将会大打折扣。因此，教师应开拓新素材和新动作，创新活动形式。在幼儿方面，教师要善于发挥幼儿的主动性和创造性，鼓励幼儿根据要求或者音乐进行自由创编，然后再将幼儿的动作进行整理和创编，激发幼儿的成就感，有效增强动作的创新性。

第二节　幼儿体育艺术活动的创编与流程

一、幼儿体育艺术徒手活动

徒手活动是不借助任何器械或工具，运用不同的肢体动作进行练习的活动，这是幼儿园开展体育活动中比较常见的形式，包括徒手操、徒手游戏和徒手律动等。通过徒手活动可以有效地促进幼儿反应的灵敏性、肢体协调性、社会性等多方面的发展。

二、幼儿体育艺术徒手活动创编的依据

幼儿体育艺术徒手活动的创编要符合幼儿身心发展的规律、特点和需要，以游戏为主要实施手段有针对性地开展体适能训练，从而发挥感统活动对感觉统合能力失调幼儿的改善作用，对正常幼儿的平衡能力、灵敏与协调能力、本位感觉等方面的促进作用。

三、幼儿体育艺术徒手活动创编的方法

（一）融入歌谣，活跃气氛

学前教育家陈鹤琴老先生曾说过："喜欢音乐是儿童的天性，音乐是儿童生活的灵魂。"音乐能够快速地使幼儿兴奋，从而减轻疲劳感，激发肌体的潜能和学习的兴趣。根据幼儿的天性和需要，教师可以采取音乐辅助法，在徒手活动中加入节奏感

强、语言简单的歌谣，活跃气氛，提高幼儿参与的积极性。[①]

（二）创设情境，激发兴趣

幼儿具有爱模仿、好扮演的特点，教师可以科学地设计具有一定情绪色彩的，以形象为主体的生动具体的场景，给幼儿带来愉悦的情感体验，触发幼儿的灵感，激发幼儿的学习兴趣。教师可以通过创设情境来激发幼儿的联想，唤起幼儿的兴趣，促进幼儿对相关的经验进行回忆，主动地进行记忆迁移，以形象化的情境来融入活动。因此，教师在创编徒手活动时可以创设富有趣味性、挑战性，想象空间比较大的游戏化情景。

（三）增强互动，丰富活动

徒手体育活动是以身体为主的活动。教师可以通过组合法、仿生法等增强师生、生生之间的互动，丰富活动内容。组合法即将不同的游戏进行重新组合，调动头部、腰部、四肢等多个身体部位的运动；仿生法即在活动中发挥幼儿动作发展的主体性，选择幼儿熟悉的物体进行模仿。在这个过程中，教师可以有意识地增强师生、生生的互动，培养幼儿的合作性、参与性。

四、幼儿体育艺术徒手活动的流程

（一）热身活动

热身活动是指借助一些准备性的身体活动，帮助幼儿克服生理、心理、思想上的惰性，提高机体的活动能力，确保其尽快进入运动状态并预防运动损伤，从而提高体育活动质量的过程。[②]热身环节是幼儿体育教育活动中必不可少的一部分，是幼儿体育教育活动开始的前奏。良好的热身环节可以有效预防运动损伤，激发幼儿获得愉快的情绪、情感体验，帮助幼儿养成良好的习惯。教师要科学认知及重视热身环节的作用，具有针对性地设计形式多样、生动有趣的活动。

---

①谬洋.幼儿徒手体育游戏活动的创编[J].体育师友，2019（10）：55-56.

②全国体育学院教材编写组.运动生理学[M].北京：人民体育出版社，1996：235-237.

（二）基本活动

幼儿体育艺术徒手活动的过程要符合幼儿身心发展的规律、特点和需要，根据教育目标及活动目标有针对性地以游戏为主要方式开展体适能训练，从而发挥感统活动对幼儿身心健康发育、大动作发展、平衡能力及反应能力的提高等方面的积极作用。在活动的过程中，教师要遵循安全性与生活性、科学性与综合性、趣味性与创新性等原则，以循序渐进的方式开展积极有趣、环节丰富的徒手活动，从而促进幼儿身心全面和谐发展。

（三）放松活动

放松活动是指通过心理和生理的放松，使身体和精神达到一定平和状态的活动。在心理方面，放松活动可以减少幼儿的消极情绪与运动障碍心理；在生理方面，有效的放松可以促进体内能源物质消耗以后代谢废物的运送，减轻肌肉的酸痛，也可以缓解运动后的肌肉痉挛或韧带损伤，同时多样的放松活动形式有助于增强肌肉、韧带和关节的柔韧性及灵活性。[①] 教师要合理组织活动，重视放松环节的积极意义，顺利完成徒手活动的组织与实施。

第三节　幼儿体育艺术活动的教学与实施

一、幼儿体育艺术活动教学与实施的基本要求

（一）细化教育活动目标

幼儿是积极主动的学习者和创造者，要尊重幼儿的主体地位，认识主体、热爱主体。只有充分地尊重幼儿，使其发挥主体性，幼儿才能更主动、更具有创造性地

---

① 浅析体育教学中放松活动的重要性 心理学在体育课放松活动环节的运用[C]//浙江省心理卫生协会第十二届学术年会暨浙江省第三届心理咨询师大会学术论文集. 杭州：浙江省科学技术协会，2017.

参与活动。基于此，教师在活动设计的过程中要根据党的教育方针以及健康领域的要求，结合幼儿的年龄特征制定适宜的、切实可行的教育目标。在幼儿体育艺术活动过程中不能刻板地理解教育目标明确或者细化问题，明确和细化不等于固化和僵化。[①] 教育目标具有灵活性，当活动中出现了新的教育契机时，应该根据活动开展的情况及时做出调整，满足幼儿发展的需要。

（二）活动准备全面充分

充分的准备是活动成功的重要因素，其中，充分的准备应该体现在各个方面，包括幼儿、教师和环境资源等。在幼儿方面，要保持幼儿在活动过程中浓厚的学习兴趣以及初步的自我保护意识和简单的自我保护的方法，知道在活动中要注意安全；在教师方面，《幼儿园教育指导纲要（试行）》中将教师定位为"幼儿学习活动的支持者、合作者、引导者"，幼儿的发展离不开教师的专业指导，而教师的知识结构、能力水平显得尤为重要，在进行活动设计和实施的过程中，教师要善于发现自己的优势和不足，开展有利于幼儿发展的活动；在环境方面，教师要选择地表平整、地面有一定软度的场地开展活动，保证幼儿的安全。

（三）组织方法丰富多样

有效的教育方法与幼儿的身心发展特点以及活动内容息息相关。因此，根据幼儿年龄的不同、身体生长状态和心理发育水平的不同，活动的组织方法应该要具有针对性、多样性和趣味性。教师可以灵活地在活动中加入有趣的歌谣、创设生动的情景，并增强师生、生生之间的活动，丰富多样的组织方法可以增强活动的趣味性，提高幼儿的参与度，最终实现教育目标。

（四）活动内容全面突出

幼儿的感觉统合能力包括触觉、视觉、听觉、前庭觉以及本体觉等，这几个方面对幼儿身体的灵活性、协调性、平衡性等方面的发展具有促进作用，对幼儿的发展有着十分密切的关系，每一方面的实施又有着独特的作用。因此，开展感觉统合

① 顾荣芳. 学前儿童健康教育论[M]. 南京：江苏教育出版社，2009：198-202.

活动应该要从不同的方面对幼儿进行适宜的教育，教师在设计和实施的过程中应该要尽可能具有全面性，并有的放矢地有所侧重。

（五）灵活组织教育形式

《幼儿园教育指导纲要（试行）》中指出教育活动的组织形式应根据需要合理安排，因时、因地、因内容、因教材灵活地运用。在体育艺术活动的组织过程中，教师应根据需要，将集体教育活动、小组活动和个别指导相结合。一方面，教师可以根据大部分幼儿的感觉统合发展情况，有计划、有目的地组织活动，促进幼儿平衡能力、灵敏与协调能力、本位感觉等方面的发展；另一方面，教师可以对有特殊需要的幼儿进行有针对性的个别化指导，改善感觉统合能力失调的情况。

二、幼儿体育艺术活动教学与实施的总体思路

（一）制定活动目标

具体活动目标是感统教育目标及年龄阶段目标的细化，因此表述的过程中应该要体现幼儿的主体性地位以及不同年龄阶段的差异，同时言语简单清晰、准确具体，目标内涵不要过大，也不要过多，否则将出现活动目标难以达成的情况。

（二）做好活动准备

活动准备要从多方面着手，同时要注意活动开展的季节、天气、环境创设、幼儿的知识及心理方面的准备，增强对活动的把握，从而更从容、更灵活地应对活动中的突发状况，更好地实现活动目标和教育目标。

（三）开展活动过程

教师要做到"心中有目标、眼中有幼儿"，在活动过程中及时关注幼儿的活动状态，并注重形成良好的师幼互动，通过简洁、明了、清晰的指令帮助幼儿了解活动要求和规则，提高活动开展的质量。

第四节　幼儿体育艺术活动的实践案例

案例一：森林派对（小班）

一、设计意图

根据小班幼儿身心发展特点和生活经验，本次活动选取了幼儿熟悉且喜欢的小动物角色，通过创设参加森林派对的情境，引导幼儿模仿不同动物的动作，包括走、跑、跳、爬等，使其乐于用肢体动作进行表现和表达，在游戏中发展体能以及增强动作的协调性。

二、活动目标

（1）了解不同动物走、跑、跳等动作，并知道用肢体进行表现的方法。

（2）根据游戏的情境以及教师的口令进行不同的动作。

（3）感受体育游戏的快乐，并积极参与。

三、活动重难点

1. 重点

知道用肢体进行走、跑、跳的方法。

2. 难点

根据指令进行不同的动作。

四、活动准备

1. 经验准备

了解不同动物的名称以及行走的方式。

2. 物质准备

音乐《竹兜欢乐跳》《动物派对》。

五、活动过程

1. 开始部分

热身活动：播放音乐《竹兜欢乐跳》。

在这个部分，教师带领幼儿进行律动，跟随熟悉的音乐活动不同的身体部位，做好热身活动，给予幼儿充足的身体与心理准备。

教师通过生动有趣的音乐律动引导幼儿全面地做好热身活动，在这个过程中，教师请幼儿分散找好位置，保证充足的活动空间，并关注幼儿的情绪状态。

2. 基本部分

（1）创设情境，激发兴趣。

播放儿歌《动物派对》，请幼儿一边听一边跟随音乐做动作。通过夸张有趣的活动引出本次的动物角色，并创设森林派对的情境。

师：小朋友们，刚刚我们听到儿歌里有谁呀？原来是小动物！马上要开森林派对了，大家正准备去参加呢。

（2）动作模仿，猜测角色。

在这个环节，教师通过语言进行引导，激发幼儿的想象力，鼓励幼儿大胆表达。森林里有什么动物呢？请小朋友们模仿相应的动作，教师请动作生动形象、造型多样的幼儿进行示范。

（3）跟随口令，大胆表现。

在这个环节，教师请幼儿跟随口令化身不同的动物，并通过肢体动作进行表现。"喵喵喵，猫来啦！""呱呱呱，青蛙来啦！""嗷嗷嗷，老虎来啦！"通过扮演不同的小动物学习走、跑、跳等不同的动作。

（4）丰富情境，自由想象。

通过游戏情境帮助幼儿巩固不同的动作。

师：森林派对马上要开始了，请小朋友们变成小动物，我们一起去参加吧！

3. 结束部分

放松活动：运动过后的放松环节必不可少，在活动结束后，带领幼儿放松身体，拍拍肩、揉揉膝、踢踢腿等。同时，表扬幼儿在活动中积极参与，大胆表现。

案例二：身体变变变（中班）

一、设计意图

中班幼儿的动作能力、身体协调性以及想象力都有了一定的发展。本次活动引导幼儿进行徒手活动，通过肢体动作进行体育游戏，幼儿能认识到运动是可以随时随地进行的，并在活动中运用自己的身体与同伴进行内容丰富的徒手游戏，这不仅能有效地促进幼儿身心发展，还能促进同伴合作以及社会性的发展。

二、活动目标

（1）知道改变身体造型进行各种动作表现的方法。

（2）尝试多样的肢体动作，并掌握正确的动作要领。

（3）积极参与体育活动，并乐于与同伴合作游戏。

三、活动重难点

1. 重点

知道改变身体造型进行各种动作表现的方法，掌握正确的动作要领。

2. 难点

尝试多样的肢体动作，并掌握正确的动作要领。

四、活动准备

1. 经验准备

有过进行徒手游戏的经验。

2. 物质准备

《身体音阶歌》、放松音乐。

五、活动过程

1. 开始部分

热身活动：播放音乐《身体音阶歌》。

在这个部分，教师先带领幼儿慢跑热身，过程中可适时变快速走、踮脚走以及抬腿等动作。跟随熟悉的音乐进行律动，活动不同的身体部位。

在这个过程中，教师请幼儿分散找好位置，保证充足的活动空间，并关注幼儿的情绪状态。

2. 基本部分

（1）自由探索，激发兴趣。

在这个环节，教师用语言进行引导："老师想请小朋友们化身为小小发明家，请大家想一想，不借助器械，用我们的身体可以玩一些什么游戏呢？请小朋友们动动小脑筋，看看谁发明的游戏最好玩。"在活动中，教师一方面提醒幼儿注意安全，另一方面鼓励幼儿创编，并请幼儿进行示范。

（2）百变身体，趣味爬行。

从幼儿自主探索的动作中提炼出爬行动作，通过模仿不同小动物的动作分别练习正向爬、倒向爬与侧向爬，教师适当指导幼儿动作的准确性与规范性。例如，学习毛毛虫正向和倒向爬，学习螃蟹侧向爬，通过游戏的方式增强活动的多变性与趣味性。

（3）同伴合作，欢乐游戏。

在这个环节中，教师把幼儿分成两人一组，在规定的范围内走动，进行便利贴的游戏。幼儿根据与教师的互动口令，将各自的身体部位触碰在一起，并保持一段时间。例如，小朋友问："便利贴，贴哪里？"教师答："贴后背！"小朋友就两两背靠背贴好，以此反复进行游戏。

3. 结束部分

放松活动：播放放松音乐，教师请幼儿跟随音乐进行身体放松，后让幼儿坐下自己先放松，再与同伴之间互相按摩放松，尤其放松四肢。最后，教师点评和表扬幼儿在活动中的积极表现。

案例三：粤剧风韵（大班）

一、设计意图

粤剧是广东地方戏曲的重要代表，其独特的语言和动作充满着浓郁的岭南风情和地方色彩。大班幼儿的学习能力以及创造能力有一定的发展，教师通过引导幼儿进行戏曲操的学习和创编不仅可以帮助幼儿感受独特的岭南文化，还可以提高肢体动作的表现与身体的协调性。

二、活动目标

（1）了解粤剧"花旦""武生"表情特点及动作。

（2）学习两个角色的表现动作，并尝试创编不同的亮相动作。

（3）体验表演粤剧的乐趣。

三、活动重难点

1. 重点

了解粤剧"花旦""武生"表情特点及动作，并进行动作创编。

2. 难点

学习两个角色的表现动作，并尝试创编不同的亮相动作。

四、活动准备

1. 经验准备

观看过粤剧表演的视频，了解"花旦""武生"等行当。

2. 物质准备

粤剧音乐。

五、活动过程

1. 开始部分

幼儿随着广东音乐走圆场（戏曲演员的一种入场方式：按环行路线绕行）进入活动室，跟随音乐进入戏曲操的学习情境。

2. 基本部分

（1）观看图片，激发兴趣。

在这个环节，播放花旦、武生粤剧行当图片，教师介绍"花旦""武生"两个行当，让幼儿观察了解其动作及表情特点，并尝试进行模仿和学习。

（2）倾听音乐，感受欣赏。

分别播放"花旦""武生"出场音乐，请幼儿尝试区分两段音乐性质的不同。欣赏感受音乐，并鼓励幼儿大胆用身体动作感受花旦和武生两段音乐节奏。教师进行指导。

（3）跟随律动，大胆创编。

教师播放"粤剧锣鼓"进行律动，幼儿随音乐自己尝试创编"武生"动作。在这个环节，教师提出问题让幼儿尝试总结"亮相"的特征，自由选择动作尝试创编"武生"不同亮相动作。

3. 结束部分

请幼儿进行动作展示，肯定幼儿在活动中的积极表现。

本章阐述了徒手活动的原则、创编与流程及教学与实施的方法，并附有具体的、具有操作性的实践案例。在教育教学的实践过程中，教师要充分遵循幼儿的身心发展特点设计科学、合理的活动，从而有效地提高幼儿的感统能力。

1. 谈一谈你对幼儿体育艺术活动原则的理解。

2. 简述幼儿体育艺术活动的实施策略。

3. 请你设计一份大班幼儿体育艺术活动实践内容。

体育艺术器械与感统练习

　　根据幼儿的游戏行为和年龄特点，为学龄前幼儿设计体育艺术器械与感统练习相互融合的教学方式，通过这样一种新型的教育方式，幼儿在进行针对性练习的同时，提高身体运作协调的发展，利用丰富多彩的体育艺术器械提升感觉统合锻炼的趣味性，减少锻炼的枯燥感。

　　◆ 了解幼儿体育艺术器械活动与感觉统合融合的原则。

　　◆ 熟悉幼儿体育艺术器械分类与运用。

　　◆ 掌握组织幼儿体育艺术器械与感觉统合融合的注意事项。

第一节 幼儿体育艺术器械活动的原则

一、体育艺术器械使用中趣味性原则

美国学者彼得·克莱恩说过："当学习充满乐趣时，才更有效。"在活动开展过程中，应该注重培养幼儿对感觉统合练习的兴趣，让幼儿在快乐的情绪中得到发展。[①] 游戏是培养幼儿兴趣的重要手段，且体育艺术器械在造型独特、样式多样以及色彩鲜艳的加持下，将体育艺术器械与感觉统合游戏有机地结合起来，能改善锻炼环境，刺激幼儿本体感官，提升感觉统合游戏的趣味性，从根本上激发和提高幼儿参与感觉统合练习的兴趣。

二、体育艺术器械使用中可发展性原则

遵循幼儿动作发展的基本规律，找到幼儿动作发展的"最近发展区"，根据由粗到细、由简到繁、由易到难的教学原则，着手开展体育艺术器械与感觉统合训练相互融合的课程。幼儿正处于身心发育的关键时期，每个个体又有着不同的发展敏感时期，教师在使用体育艺术器械辅助感觉统合练习时注重幼儿身心发展性，开展活动前考虑该器械是否有利于幼儿的发展。[②] 可以根据幼儿的不同感觉器官出发，如视觉，可以使用体育艺术器械中色彩鲜艳的彩带作为练习器材，通过强烈的色彩冲击，刺激视觉感受器从而有针对性地达到练习目的。

---

① 李建学. 感觉统合训练器械在幼儿园体育游戏中的运用[J]. 基础教育研究，2017(7)：83-86.

② 彭坤，朱炜淼. 幼儿体育艺术类课程资源的开发[J]. 当代体育科技，2022，12(24)：54-56.

三、体育艺术器械使用中安全适用性原则

3～6岁阶段的幼儿器官发育未健全，身心发育尚未成熟，好奇、好动、好模仿是此阶段幼儿的特点，加之其生活经验不足，往往对自己的能力估计过高，常会做出力不能及的判断和动作。如在练习过程中不注意器械使用的安全，易对幼儿身心造成不可逆的伤害。在感觉统合游戏活动之前，教师应加强器械安全性的检查，做到防患于未然；在幼儿接触器械之前，教师需要用通俗易懂的语言介绍器械的使用方法，同时能够直观地做出正确的示范动作，让幼儿在脑海中形成正确的印象；幼儿接触器械时，教师时刻注意幼儿的操作方式确保幼儿安全。[①]

四、体育艺术器械使用中合理科学性原则

遵循幼儿的身心特点，合理、科学地运用体育艺术器械开展幼儿感觉统合游戏活动。在使用体育艺术器械时注重锻炼的全面性，在制订使用计划前要注意幼儿各器官系统的机能、肌体各个部分、身体的各项素质都应该得到锻炼的机会，从而使得感知觉的各种功能得到改善；同时尊重幼儿间的个体差异性，根据每个幼儿的实际情况，如身高、力量、接受能力等方面适当调整器械的长度、重量。根据人体生理机能能力变化规律、气候、场地、器材等因素，在活动过程中注意练习的密度与强度，合理安排活动的生理负荷，如循序渐进地增加器械的重量，从轻变重逐步达到适应的重量。

---

① 孙泉. 小学低年级体育活动中开展感觉统合训练的可行性研究[D]. 上海：上海师范大学，2010.

第二节　幼儿体育艺术器械活动的创编与流程

一、体育艺术器械

轻器械是展示体育艺术特点的主要器械，也是进行体育艺术活动设计的重要内容。该器械种类繁多，如啦啦操中的"花球"、健美操中的"踏板"、韵律操中的"响铃"，这些器械都代表着不同的艺术表现形式和特色，且具有一定的美感。以艺术体操中的轻器械为例：由绳、圈、球、棒、带 5 种器械所组成，国际体育联合会明确地对体育艺术 5 种器械的形状、长度、重量以及使用的材料做出了严格的规定。不同的器械有各自的功能，是否掌握器械功能和用好器械，直接影响幼儿体育艺术器械活动的成败与感觉统合练习的效果。

绳和彩带属于软器械类，它更适合动态的运动，绳的动作具有柔和、流畅、轻巧而始终处于多变化等特点。彩带是由带子和带棍两部分所构成，彩带因动作柔软、飘逸、流动感强、动作优美、幅度大而备受人们的喜爱，在优美的音乐伴奏下具有很高的观赏价值，如蛇形、螺形、大抛、中抛、小抛、拉带抛、从图形中穿过、从图形上越过都是彩带所特有的动作，当然它们也可以利用运动员身体的不同部位编织出各种图形，更加体现出彩带在运动过程中的流动性和飘逸感。

圈属于硬器械，环形形状，体积是 5 种器械中最大的，利用圈的面和圈的轴丰富活动内容，可利用圈完成地上和身体上的各种滚动、穿过圈和圈上越过等典型动作，充分体现器械运用的特点。

球属软器械，它的体积较小，呈圆形状，动作流畅、优美、柔和并富有变化的球，能够把自身的特性动作表现得淋漓尽致，大幅度、自然、稳定、流畅的身体上的长滚动最能体现球的特性。球具有良好的弹性，可以做拍球动作，以及用身体的各部位进行反弹球等动作。

火棒是较为特殊的一种器械，是唯一用双手操控的器械，对幼儿的协调能力要求很高，是比较难控制和掌握的一种器械，它的典型动作有小绕环、小五花、不对称动作和敲击。火棒有大头和小头之分，在规则中规定棒的典型技术特点是两根棒一起运用，运用棒的基本标准是持棒头。

二、幼儿体育艺术器械活动的创编思路

（一）体育艺术与感统结合

体育艺术是一项力与美、聪慧与才智共存的项目。这项运动中充满了激烈，同时也不缺乏健与美的展示。较其他项目，体育艺术有着独有的魅力吸引着幼儿。幼儿体育艺术活动的创编主要是以丰富幼儿户外锻炼的形式，以提高幼儿健康水平为目的，通过轻器械的功能性动作与体操、舞蹈相结合，创编出不同器械的体育活动。可尝试性地选择简单、轻便、易拿、易存、经济的跳绳、扇子、软梯、筷子等为特色器械进行创编[1]，巧妙地与幼儿感觉统合的结构框架相结合。这使幼儿体育艺术活动具有更加绚丽多彩的艺术魅力和欣赏性，激发幼儿学习兴趣，达到身心愉悦的锻炼效果。

（二）传统与现代结合

活动在创编的过程中，融进了现代体育的大课间等活动，使其形式多样、丰富多彩，自然而然地将民族文化深入浅出地传承给当代的幼儿园，同时也探索了传播中华优秀文化的新途径。而"软梯""跳绳"等则是富有现代气息的轻器械，给幼儿园感统活动注入了青春活力和积极向上的时尚感，使幼儿的身心健康发展。轻器械体育艺术活动包含了传统文化简单、安全、实效、重复等特点，在内容上既有传统的动作，又有现代的时尚动作，同时又结合了三大感觉统合系统等创新思路。

---

① 张嘉堃，陈宇婷，单亚萍．中学大课间操的对策研究[J]．当代体育科技，2018，8(22)：36-37.

三、幼儿体育艺术器械活动的创编依据

（一）以幼儿身心发展特征为依据

为提高幼儿体育艺术器械活动创编的科学性，本教材认真研究了 3 ~ 6 岁幼儿身心特点及发展规律，力求使其符合幼儿的身心发展要求。因此，在进行创编幼儿体育艺术器械活动的过程中，依据幼儿生理、心理发展特点，及对运动强度、时长等方面的要求，在创编的音乐、内容、风格、运动负荷、难易程度等方面有针对性地进行创编。

（二）以轻器械特色为依据

大课间轻器械特色操包含了毽子特色操、快板特色操、弹力球特色操、跳绳特色操和沙包与杯子特色操（室内），共五套。这些特色操同样深受幼儿的喜爱，其中毽子和弹力球是较为受欢迎的民间体育游戏，而这些新颖的器械也会激发幼儿的好奇心；快板是一种民间传统打击乐器，是一种传统说唱艺术，轻便且易于携带，将传统艺术与体育巧妙地融合于感觉统合之中，也有利于传承民间传统文化；跳绳是幼儿最为常见的一种体育器材之一，在枯燥的单一跳绳中将其艺术化，比如，把跳绳当成一条"小溪"，教师带领幼儿勇敢征服，避免了单一跳绳的枯燥乏味，同时能够更好地达到锻炼的效果；民间游戏抓沙包与杯子，其器械特性及艺术化的形式与感统训练的巧妙结合，不仅能锻炼幼儿的灵敏性及手眼协调配合能力，也极大地增加了课堂的趣味性，使感统训练中幼儿的接受度得以提升。

四、幼儿体育艺术器械活动的创编原则

（一）科学性原则

幼儿时期是基本动作技能发展的关键时期，幼儿体育艺术活动在器械的创编的过程，要以促进幼儿基本动作技能发展为前提。[①] 幼儿时期的动作以大肌肉动作为主、

[①] 张利芳. 动作发展视角下的幼儿体育游戏创编探究——以操作性技能为例[J]. 当代体育科技，2018，8(21)：246-247.

小肌肉动作为辅，包括走、站立、跑步、爬行、踢、躲闪、拍球、滚动等，每个基本的动作包括方向、路线、方位等变化。在设计活动中，首要考虑的是基本动作技能，在具体的游戏过程中，先要让幼儿做出正确的动作，避免出现耸肩、膝内扣、驼背等错误的身体姿势，在幼儿出现基本动作错误时，用儿化的语言或设计游戏进行纠正。后在幼儿感觉统合能力逐渐成熟的过程中，设计游戏让他们把感觉统合进行巩固和强化。

（二）安全性原则

此处幼儿体育艺术器械活动创编的安全性主要有以下三点：（1）轻器械的选择要轻便、安全、易于携带；（2）在轻器械组合搭配的创编上要简单易学，避免危险动作；（3）在室内进行活动时，在创编的动作上避免幅度过大，避免跑、跳等动作，从而排除楼层可能引起的"共振"，确保幼儿参与锻炼的安全性。

（三）趣味性原则

3～6岁的幼儿正处于生长发育阶段，兴趣较为广泛，喜模仿且活泼好动，因此在创编过程中应充分考虑幼儿的兴趣爱好，遵循趣味性原则。教师在进行体育艺术类课程资源开发时，不能选择过于复杂的素材，否则将会严重影响幼儿的学习兴趣。教师可以根据幼儿自身学习特点，选择幼儿较为感兴趣的教学素材，这样可以帮助幼儿在学习中感受到快乐，并促进幼儿全方位的发展。

（四）艺术性原则

艺术性是创编中的又一重要原则。通过优美的动作、巧妙的配合与互动，将轻器械的功能性动作与舞蹈、健美操相融合，既有健身的功效又有艺术的美，既能作为课间锻炼，又能作为节日、庆典的表演。加入特色音乐，音乐与符合轻器械特性的动作相结合，进一步激发幼儿表演情趣的同时也给观赏者带来视听的享受。

五、幼儿体育艺术器械活动的创编流程

（一）明确活动目的

幼儿进行体育艺术器械活动不仅是为了获得愉快的体验，更是锻炼身体、增强体质、巩固感觉统合的一种手段。在活动中，各个环节的应用要服从教学任务的达成，它只承担着部分功能，如激发锻炼热情、动作或战术辅助练习、放松练习等。因此，幼儿在感觉统合训练中的活动创编要以明确游戏的目的与任务为首位。

（二）分析基本情况

基本情况包括参与幼儿的年龄、性别比例、运动能力、感觉统合能力情况、场地设施等，这样，活动的创编就具有针对性和可行性。

（三）选择活动素材

体育的素材有很多，凡是体现身体运动特征的均可以作为素材，大致包括：基本运动能力方面（如跑、跳、投、追逐、攀爬等）[①]，三大感觉系统练习（如前庭功能、触觉系统、本体感觉等），生活实践方面（如肩挑背扛、移动重物、夹递物品等），以及模仿性动作（如兔子跳、鸭子走、飞机起飞、机械臂等）。围绕教学目的，针对幼儿状况，精心挑选，运用移植、组合、提炼、变化等方法使其成为幼儿体育艺术活动的素材。

（四）制定游戏方案

幼儿体育艺术器械活动的制订包含准备、组织形式、队形变化、活动路线、活动范围、活动时间、动作要求等内容。准备包括所需要的器材及放置地点，所需的场地规格，游戏幼儿的分组及站位情况。组织形式有接力、追逐、角力、传递、集体竞速等，要根据游戏的目的和素材选择合适的组织形式。合理的游戏队形有利于提高效率，如纵队便于接力和传递，横队便于抛接和角力，圆形队便于追逐和攻防，三角形队便于战术训练。活动路线指参与的幼儿移动的路线，通常有穿梭式、往返式和环绕式。

---

① 刘洪新. 体育游戏创编流程探究[J]. 青少年体育，2016(8)：60-61.

（五）制订游戏规则

规则是幼儿进行活动中顺利的保障。体育艺术器械活动很多情况下采用一些"不规范"的动作，在游戏中却是合理的。制订规则的原则包括：（1）要界定合理动作与不合理动作，界定什么情况下属于成功，什么情况下属于失败。（2）要制订奖惩措施，对成功者多奖励，对失败者多鼓励，对违规者罚出场外等。（3）规则的制订要简单明了，要有一定的灵活性和弹性，保留一定创造力和想象力的空间，尽可能地降低游戏中断的频率，最大限度地调动幼儿的参与热情。

（六）制订应急预案

制订应急预案不仅是针对天气、场地、器械等发生突然状况时的预备方案，也是在活动中为达成教学目标而要对难度、规则等对出的相应调整。同时也要对活动操作过程中出现的突发情况，如幼儿情绪、游戏难度、安全隐患等做出相应的处理方法。

（七）成效分析与反馈

作为一项教学活动，活动结束后需要对其成效进行分析总结，对活动的各个环节也需要进行重新审视，分析成功和不足的地方，并提出合理化建议及注意事项，为今后活动的开展提供有益的参考。[①]体育艺术活动是寓教于乐的最佳方式，也是组织教学的有效手段。活动的创编要为教学任务的完成创造条件，将体育游戏与教学内容有机结合，不断地汲取游戏素材和优化内容，让幼儿在愉快的氛围中掌握运动能力，发展感觉统合能力，真正享受体育艺术的乐趣，爱上体育运动，从而为体育生活方式的形成奠定基础。

六、幼儿体育艺术器械活动的创编内容确定

幼儿体育艺术器械活动创编是指将体育器材按照一定的要求和标准，运用艺术化的形式，对感觉统合训练内容进行编排、美化与创新。在这个过程中要以儿童为

---

① 吴俊杰. 篮球教学训练存在的问题与对策分析[J]. 青少年体育，2016(8)：69-70，61.

中心。教师根据不同幼儿身体发育程度等方面来使用相应器材。

（一）器械名称的确定

在选择器材的时候，按照游戏中的内容，选择对应的种类和颜色，这样才能保证每个幼儿都能得到充分发展，从而更好地培养幼儿各方面能力。在幼儿早期学习阶段，游戏器材要符合幼儿年龄特点，才能达到良好的教育目的。例如，可以将花球称为"花"，绸缎称为"风"，瑜伽垫称为"草坪"等。根据不同的器材的特性，对其加以合理运用，是非常重要的。

（二）幼儿自身身心发展的确定

教师要依据幼儿身心发展情况创编内容，结合教学目标和教材，对其进行科学合理的安排、规划。在内容选择上要注意以下几点：

1. 符合幼儿心理特点

由于幼儿不能很好地掌握所需器材，而幼儿具有爱玩游戏且好奇心强、参与度高等特性，在创编时应注重激发他们的兴趣爱好并积极主动地投入活动中，从而使幼儿在活动中获得快乐。

2. 符合幼儿身心发展规律

幼儿的身体和心理发育都还不完善，因此在创编时应注意要有针对性地进行指导与帮助，同时也应该考虑到不同年龄段的生理特点及需求等因素，为他们提供不同类型且具有可行性的方案。

3. 符合幼儿发展规律

体育器材及器械的选择和设计应以满足幼儿身心健康成长要求为主要原则，在满足身心发展规律和需要的同时要注意与周围环境及设备相结合，使幼儿能感受到体育艺术器材对身体健康成长所带来的益处。

（三）运动强度的确定

幼儿体育艺术活动的学习主要对象是幼儿园的幼儿，此阶段的幼儿心肺功能较弱，运动强度不宜过大。而活动内容设计主要是针对幼儿的感觉统合编排设计的，适应了本年龄段孩子的身体发育特点。在活动内容初步创编完成的情况下，应进行测试。例如经过对 10 名幼儿的心率进行多次测量得到数据，达到的平均最高心率为 120 次 / 分；整套运动结束时平均心率为 84 次 / 分。最高心率在幼儿中等运动强度的心率范围之间。

（四）专家论证与修改完善

幼儿体育艺术器械活动在初步创编完成的情况下，由参与创编的教授进行内容展示，通过体育艺术教研室的专家、教师现场进行指导，提出意见与建议，后对内容进行修改与完善。

第三节　幼儿体育艺术器械活动的教学与实施

一、幼儿体育艺术器械活动的教学指导策略

《幼儿园教育指导纲要（试行）》指出，教师应成为幼儿学习活动的支持者、合作者和引导者。教师要对幼儿进行适当的启发引导，给幼儿更多的支持和帮助，引导幼儿发挥想象力和创造力进行探索，培养幼儿的发散性思维。[1]教师在体育活动中运用体育艺术器械指导幼儿探索玩法时，要做到以下八点。

第一，遵循规律，提供适宜幼儿的体育艺术器械。根据幼儿年龄特征和心理发展规律，为幼儿提供适宜的体育艺术器械进行探索，使幼儿在探索中得到收获。

第二，由易到难，循序渐进地开展教学。根据幼儿的学习接受规律，按照循序渐进的原则，由易到难地引导幼儿探索，不断激发幼儿探索的欲望，逐渐增加难度，使幼儿从会玩，到想玩，到喜欢玩，真正发挥体育艺术器械的使用价值。

第三，以幼儿为本，放手让幼儿大胆探索。以幼儿为本，激发幼儿主观能动性，

---

① 郭君娜. 幼儿园自制器械在体育教学活动中的应用[J]. 学园，2021，14(5)：84-86.

给幼儿充分的时间和空间，放手让幼儿探索。这样，孩子们能在轻松愉悦的状态下探索出更多好玩的玩法。

第四，启发引导，培养幼儿发散性思维。教师以引导为主，幼儿以探索为主，发挥幼儿的创新精神，探索体育艺术器械的玩法。

第五，创设情境，增加游戏性和趣味性。在体育活动中适当结合情景组织幼儿探索，增加趣味性。这样，孩子自然而然地把自己融入角色中，达到锻炼的目的。

第六，尊重幼儿，鼓励幼儿表达自己的想法。在每次探索之后，选择适宜的机会，鼓励幼儿表达自己的观点，交流自己探索的玩法，增强幼儿的信心。

第七，总结梳理，提升幼儿探索经验。教师在幼儿探索结束之后，鼓励幼儿说出自己使用器械的玩法，教师及时进行总结梳理，帮助幼儿提升经验。

第八，合理使用，促进幼儿全面发展。把体育艺术器械运用在体育教学活动中，教师本着促进幼儿发展的原则设计教案，综合考虑器械的功能，培养幼儿的体育运动技能，使幼儿的身心得到全面的发展。

二、幼儿体育艺术活动的器械实施方法

（一）选择幼儿喜欢的器械

选择幼儿感兴趣的器材。在体育艺术活动中，教师根据实际情况，选用与该年龄段相一致或相似特征，又富有新意和创新性的器材来进行开展。小班幼儿喜欢有一定难度且能很好地完成动作，而大班则是以游戏为主要任务方式。

（二）教师与家长共进式

教师与家长之间合作共进式创编。在体育教学中，应该多鼓励幼儿参与体育活动，家长在幼儿学习中起到监督的作用，共同观察他们所喜欢的器械，家教合作共同促进儿童身心健康发展。

（三）持久性和循序渐进相结合

在选择好锻炼的时间、场地、内容的基础上，要正确有效地开展感觉统合训练，

必须坚持持久性和循序渐进相结合的原则。持久性指要每天坚持，时间及运动量要保证。循序渐进指按幼儿的锻炼情况，教师要逐渐提高要求。幼儿的坚持极为重要，如果"三天打鱼，两天晒网"，就达不到目的。当然，根据季节与天气变化，在时间、运动量上也要加以调整。在锻炼中，不能一下子对幼儿提高要求，运动量也不宜过大。如练习跳跃，幼儿刚开始练习，耐力是有限的，这时可利用"开汽车""钻山洞"等方法，采用剧烈运动和轻微运动交替的方式，提高幼儿心肺功能，以后再逐步延长跳跃的时间，增强运动的强度和密度。

（四）鼓励和鞭策相结合

从幼儿的实际年龄特点出发，不断地鼓励和鞭策，都是提高幼儿能力的有效方法。鼓励能增强幼儿的自信心，保持良好精神状态，让幼儿保持饱满的精神和旺盛的体力，对于幼儿的身心健康十分重要，是一种正面的积极的教育形式。而鞭策则能使幼儿了解自己，了解同伴，从小就具有竞争心理，对于幼儿适应将来社会是十分有利的。但一味地鼓励也会使幼儿产生惰性，一味地鞭策也会使幼儿自卑，做到鼓励和鞭策相结合，就是教师教育的一种良好方式，让幼儿充满朝气，真心地热爱运动。因此，在幼儿园对幼儿进行感统训练，只要掌握好方法，运用好策略，对幼儿各方面的成长是十分有利的，可以让幼儿在快乐游戏运动中达到锻炼身体的目的。

第四节　幼儿体育艺术活动的实践案例

案例一：小刺猬运果子（小班）

一、设计意图

小班的幼儿虽然经历过了从爬到走的这样一个发展过程，但是他们的动作还不是十分协调，需要教师选择幼儿感兴趣的方式，设计幼儿喜欢的体育活动，来促进幼儿的基本动作的发展，提高其动作的灵活性和协调性。对于小班幼儿来说，游戏则是一种最好的教育手段。在小班幼儿已初步掌握了"手膝着地爬"的运动技能，在此基础上，教师希望通过游戏活动来加强他们"侧滚翻"的能力，因此设计了体育游戏：小刺猬运果子。通过太阳伞创设幼儿喜欢的游戏情境，让幼儿在角色扮演中积极、愉快地巩固与复习"手膝着地爬"的技能，同时引导幼儿练习"侧滚翻"的动作技能，体验共同游戏的乐趣。

二、活动目标

（1）巩固复习"手膝着地爬"的技能，练习"侧滚翻"的动作。

（2）让幼儿喜欢体育游戏，体验帮助他人的快乐。

三、活动重难点

1. 重点

能动作协调、灵活地玩游戏。

2. 难点

掌握"侧滚翻"的动作要领。

四、活动准备

1. 经验准备

幼儿已初步掌握了"手膝着地爬"的运动技能。

2. 物质准备

较平整的场地、小刺猬头饰（与幼儿人数相等）、彩虹伞一顶、塑料筐两个、瑜伽球。

五、活动过程

1. 开始部分

（1）幼儿戴上头饰，扮演"小刺猬"进入场地。场地上准备好太阳伞。

师：小刺猬们跟着妈妈一起爬到太阳伞上做游戏吧！（幼儿爬到太阳伞上）

（2）带领幼儿做热身运动。

师：多美的彩虹伞，让我们一起在上面做运动吧！

幼儿跟随着教师依次进行准备活动：头—上肢—下肢—踢腿—腹背—跳跃放松。

2．基本部分

（1）和彩虹伞做游戏：巩固复习"手膝着地爬"。

①引导幼儿绕着彩虹伞爬。

②教师将彩虹伞撑起来，引领幼儿爬到伞下藏起来，再从伞下爬出来。

③引导幼儿在彩虹伞下快速地爬进、爬出。

（2）游戏"小刺猬运果子"：学习侧滚翻，示范动作要领。

师：果园里的果子成熟了，小刺猬要学好一个新本领才能帮妈妈运果子。今天妈妈要教你们，这新的本领就叫侧滚翻。看看妈妈是怎么做的。

教师示范：先侧着身体站在草地旁边，然后轻轻地坐在草地的中间，之后全身躺下，双手放在身体的两边，脚稍往上抬，用身体的力气连续向侧边翻滚。

师：你们学会了吗？现在妈妈要请一只能干的小刺猬来学一学。

请1～2名幼儿示范侧滚翻动作，示范中，教师提醒幼儿侧身翻滚时，注意双手撑地，身体舒展。

（3）幼儿动作练习。

师：小刺猬们一起来练习新本领吧！

教师指导幼儿的动作并注意保护幼儿的安全。

（4）玩游戏"小刺猬运果子"。

教师讲解游戏要求：小刺猬要先爬到"果园"（彩虹伞）上，看到果子就滚一滚，用手捡果子，然后爬回到彩虹伞边，把身上的果子放到小筐里。可以请其他小刺猬帮忙摘掉果子，看看哪一个小刺猬最能干。教师引导幼儿运送两次果子。

3．结束部分

师：小刺猬们真能干，妈妈真开心呀，谢谢你们！

教师播放音乐，带领幼儿跟随舒缓的音乐调整呼吸，进行放松活动。

体育艺术与幼儿
感觉统合

六、案例评析

在"小刺猬运果子"（小班）健康领域活动中，通过趣味健康游戏活动帮助幼儿发展"侧滚翻"这一核心经验。

（1）整个活动遵循了小班幼儿的年龄特点。

围绕"侧滚翻"这一核心经验的获得，以游戏的形式贯穿始终，在轻松、有趣的游戏情境中促进了幼儿动作的发展，改变了以往重复练习的传统教学方式。

（2）有意识地控制时间激发幼儿游戏愿望，体验角色扮演的快乐。

小班幼儿活泼好动，注意力薄弱，而头饰的佩戴能激发他们的游戏愿望，体验角色扮演的快乐，从而增加有意注意的时间。和太阳伞做游戏的环节使呆板的动作训练变得生动有趣，让幼儿在愉快的游戏中更好地练习手膝着地爬的技能。小刺猬是幼儿非常喜欢的小动物，果园里的情境创设，激发了幼儿学习的愿望。"小刺猬运果子"游戏情境，激发了幼儿主动学习侧滚翻动作的愿望，从而体验集体游戏的乐趣，让每个幼儿都喜欢体育游戏。此外，教师在送果子的游戏环节中，引导幼儿互相帮助摘掉果子，送到筐里，为幼儿创设了合作的情景，让幼儿尝试相互合作，体验帮助他人的快乐。

（3）在游戏中，教师为每个幼儿提供平等参与的机会。

注重与幼儿的交流，语言提示简洁、亲切自然，吸引幼儿积极投入活动中，培养其自主探索、挑战自我的精神。

案例二：好玩的绳子（小班）

一、设计意图

平衡能力是幼儿体育动作的基本能力，在幼儿时期的发展最为关键。绳和彩带是体育艺术器械中较为普遍的轻器械，不仅具有长短及大小不一、用途广泛、色彩丰富的特性，还可利用其一物多玩的特性达成锻炼幼儿平衡感觉的目的。

二、活动目标

（1）通过动物模仿的方式，培养幼儿对行走的乐趣。

（2）在游戏中探索身体平衡的动作，懂得拉开安全距离和自我保护。

（3）通过绳子的游戏，提升幼儿平衡行走的能力。

三、活动重难点

1. 重点

能够不摔跤顺利地完成游戏。

2. 难点

掌握"平衡走"的动作要领。

四、活动准备

有画线的大操场、长绳若干条、彩带若干、自制方形纸盒、雪花片、收纳箱2个。

五、活动过程

1. 开始部分

（1）白线上站立：选用小动物出游的故事情境，在热身环节中，集合整理队伍时幼儿能够平稳地站在白线上，并且能够跟随教师的移动在白线上转向不同方位。

（2）白线上走跑：选用小动物出游情境，幼儿扮演小动物伴随音乐跟着教师在白线上进行慢跑，并且不轻易离开白线，能够跟随节奏的快慢自我调整跑步速度。

2. 基本部分

（1）探索阶段。

①情境创设："我会走"。场地摆放着长绳，先让幼儿用自己的方法踩着绳子平稳过去，或可以想象自己如动物那样行走，按照自己喜欢的动作方式进行游戏；熟悉动作后可以模仿教师或同伴的方法进行游戏，生生之间相互比赛。

②材料投放：画线操场、长绳。

③基本玩法。

绳上前行：在规定的线路上可让幼儿发挥想象力，运用不同的方法进行线性行走。同样也可以让幼儿模仿教师的方法进行游戏。

绳上侧行：教师带领幼儿游戏，踩在白线上或绳子上，利用侧行走的方法通过。

可以让幼儿想象成为一只螃蟹，像螃蟹一样通过。

绳上后退走：教师带领幼儿进行游戏，让幼儿想象成为一只小墨鱼，踩在绳子上后退走。

（2）学习阶段。

①情境创设："我不摔跤"。幼儿手持物品在绳上前进，摆放自制纸盒作为障碍物，需要幼儿运用所学的动作方法在通过绳子的同时躲开障碍物前进，游戏过程中，要求幼儿能够保持身体平衡不摔跤，提醒幼儿与同伴保持安全距离，缓慢通过。

②基本玩法：绕开障碍物走，在绳子上方摆放自制纸盒障碍物，让幼儿绕开障碍物通过；走不规则绳子，将绳子摆放成不规则的形状，幼儿需要手持物品，踩着绳子通过。

（3）提升阶段。

①情境创设：踩双绳。

②材料投放：绳子、纸盒、雪花片、收纳箱。

③基本玩法。双绳同行：将绳子平行摆放，绳子之间距离为 50 cm，绳上放置纸盒障碍物，幼儿需要双脚同时踩在绳子上通过，将雪花片运送到收纳箱中；双绳侧移：幼儿双脚分别踩在两根绳子上，进行侧横向移动；双绳后退移动：幼儿双脚分别踩在两根绳子上，利用后退的方式进行移动。

3. 结束部分

（1）教师带领幼儿跟随音乐进行放松活动。

（2）小结部分：教师表扬幼儿们不畏困难的精神，鼓励幼儿经常参加体育锻炼。

（3）收拾器材，师幼道别。

六、案例评析

"好玩的绳子"（小班），该活动根据幼儿活泼好动的特点将活动的内容渗透到游戏当中，以游戏为教学手段，通过创设情境，在生动、活泼、有趣的氛围中完成参与运动、锻炼身体、运动技能等领域的教学目标。主要优点体现在：

（1）创设情境教学，激发幼儿的学习主动性与积极性。例如：在活动的开始部分，根据小班幼儿的年龄特点将内容渗透到游戏当中，以游戏为教学手段，通过创设情境，在生动、活泼、有趣的氛围中完成运动参与、锻炼身体、运动技能等领域的教学目标。

（2）动作指导准确到位，组织合理有效，提高练习密度。教学过程中，教师能够照顾到幼儿的身心发展规律和心理需求，采取散点的组织形式，提高练习的密度，达到良好的训练效果，体现了"发挥教师的引导作用，体现幼儿的学习主体地位"的体育教学基本理念。

案例三：踏浪花（中班）

一、设计意图

中班幼儿已积累了一些跳跃经验，如原地向上跳、立定跳远、双脚向前。这个阶段幼儿需要进一步练习跳跃的技能，提高跳跃的难度。绳子是生活常见物品，也是幼儿在体育游戏活动中经常使用的游戏道具，它多种多样、千变万化的特点往往能激发幼儿的活动兴趣，因此教师以绳子为活动材料，设计"踏浪花"的健康活动，以"跳浪花"为游戏背景，将绳子当作"浪花"，让幼儿练习跳跃，发展各种动作，幼儿在玩绳子的过程中也能体验到游戏的快乐。

二、活动目标

（1）练习协调、灵活地双脚跳过晃动的长绳。

（2）喜欢玩绳类游戏，体验合作游戏的乐趣。

三、活动重难点

1. 重点

协调、灵活地跳过晃动的长绳。

2. 难点

双脚连续跳过晃动并有一定高度的长绳。

四、活动准备

1. 经验准备

幼儿已有原地向上跳、立定跳、双脚向前跳的经验。

2. 物质准备

海浪视频、音乐、短绳若干。

五、活动过程

1. 开始部分

（1）热身活动。

教师带领幼儿在音乐声中进行头部、上下肢等活动，让幼儿在积极主动的活动中锻炼四肢的肌肉、关节，为后续的活动做准备。

（2）导入活动。

幼儿观看海浪的视频，引出"浪花"这一有趣主题。

2. 基本部分

（1）幼儿自主探索玩绳子。

师：请小朋友选取一条短绳，自己找个空位置，和绳子去玩一玩，看谁的玩法最多。

（2）幼儿玩绳，教师巡回指导。

请个别幼儿展示自己的玩法：抖动短绳，好似"浪花"。

引导幼儿尝试抖动短绳，变出"浪花"。

（3）分享经验：浪花是紧贴地面的，抖动越快，浪越大。

（4）自由尝试，练习双脚"跳浪花"。

①两个小朋友一组，将手中短绳结在一起变成一个"大浪花"，尝试大浪花的多种玩法。（幼儿跟随着摆动的绳子进行走、跑、跳动作练习）

②幼儿分享：如何和大浪花一起玩。

教师请一名幼儿展示双脚跳过晃动的长绳，讲解动作要领和安全注意事项，指导全班幼儿练习"跳浪花"。

③提高难度再次尝试：双脚连续跳过晃动的长绳。

教师、幼儿共同将所有短绳结在一起，变成"超大浪花"，教师晃动浪花，幼儿练习双脚连续"跳浪花"。

④鼓励幼儿挑战：跳过晃动并有一定高度的长绳。

3. 结束部分

组织全体幼儿围成圆圈坐在地毯上，跟随音乐做放松运动。

六、案例评析

动作发展是幼儿的基本活动能力，是幼儿在日常生活和社会实践中所必需的身体运动技能。粗大动作发展的核心经验主要是幼儿在不同年龄阶段基本动作发展的过程体验，跳跃就是其中之一。中班幼儿已经有了跳跃的前期经验，教师根据孩子的年龄特点和身心发展规律，设计了本节活动。

（1）教师巧妙地利用了孩子们喜欢玩的绳子。

在教师的引导下，活动中唯一的材料——绳子，变成锻炼幼儿走、跑、跳、平衡的道具。教师将"踏浪花"的游戏贯穿整个活动始终，做到一材多用、一材巧用，让幼儿在玩耍中提高了走、跑、跳等动作技能，增强幼儿的体质。

（2）活动中，教师首先让幼儿自由探索绳子的多种玩法，从绳子变出"小浪花"，幼儿快乐地跟随着"浪花"走、跑、跳，到尝试运用已有经验双脚跳过晃动的绳子，幼儿的运动技能在不断的练习中得到巩固和提高。

（3）教师设计了层层递进的游戏环节，幼儿两人一组，尝试合作游戏。幼儿的练习从最开始的"双脚跳过晃动的长绳"到"双脚连续跳过晃动的长绳"，到最后一环节，教师鼓励幼儿挑战"跳过晃动并有一定高度的长绳"。这一过程中活动难度递增，逐步提高幼儿的跳跃能力，而且在尝试跳跃难度不断增加的过程中，培养了幼儿坚持、勇敢的品质。整个活动不仅巩固了幼儿已有经验，增强了身体控制能力，也为上大班时的跳绳运动做准备。幼儿也在积极主动地参与活动，在玩绳子的过程中，体验到游戏的快乐。

案例四：飞舞的彩带（中班）

一、设计意图

在幼儿园体育活动材料中，锻炼幼儿上肢动作的玩具材料较少，往往让幼儿对上肢运动失去兴趣，尤其是中班幼儿下肢运动能力在不断增强，而上肢动作能力较弱，这样就造成了幼儿的上、下肢动作的不协调。为了吸引幼儿锻炼上肢运动，教师选择了各色彩带，精心设计了"飞舞的彩带"健康活动，力求在玩彩带、舞动彩带、听指令听音乐进行"风中的彩带"等游戏活动中，锻炼幼儿上肢动作的协调性和力量，以达到上、下肢体动作协调均衡发展。

二、活动目标

（1）积极探索彩带的多种玩法，发展手臂控制能力。

（2）能随音乐的变化变换彩带的玩法，促进上、下肢动作协调发展。

（3）愿意参与游戏活动，感受舞动彩带的乐趣。

三、活动重难点

1. 重点

能够舞动彩带锻炼手臂力量。

2. 难点

能够创编出彩带的多种玩法，并身体协调地随音乐舞动彩带。

四、活动准备

1. 经验准备

已有随音乐做上肢大臂挥动的动作经验。

2. 物质准备

各色彩带若干（长度：1.8~2 m），游戏 A、B 段式音乐，背景音乐，动感强的彩带操音乐。

五、活动过程

1. 开始部分

（1）热身运动：律动体操。

师幼跟随音乐逐个走曲线进入场地，激发幼儿参与活动的兴趣。

师：小朋友，让我们随着音乐一起动起来吧！

（2）幼儿随音乐分别站好，做律动操，活动身体各个部位。

（3）出示彩带、引出主题。

师：老师手里拿的是什么？

师：你在哪里见过这样的彩带？它是用来做什么的？

活动前，教师应观察幼儿的衣着是否得当，充分激发幼儿参加活动的状态兴趣，要求幼儿跟随音乐做律动操，提醒幼儿与同伴间保持适当的距离并分散站好；热身时要注意活动身体各部位，特别是手腕、脚踝等容易受伤的部位，为运动做好准备。

2. 基本部分

（1）自由探索彩带的各种玩法。

（2）欣赏彩带操，引起幼儿的兴趣。

师：老师来表演一段彩带舞，请小朋友仔细看，彩带是怎样舞动起来的。（音乐声中教师挥舞彩带，变换彩带的各种线条）

（3）幼儿第一次探索彩带的玩法，教师应在活动前简单介绍彩带的使用方法，也可请个别幼儿展示挥舞彩带。

师：小朋友挥舞彩带时，身体哪个部分在动？（大臂、小臂、手腕等部位）

师：我们一起来做一做，把彩带舞动起来吧！

仔细观察幼儿在自由探索时的多种玩法，是运用身体的哪个部位带动彩带挥舞的，这个环节教师要留给幼儿充足的时间和表现的机会；启发幼儿运用大臂、小臂、手腕等身体上肢部位带动彩带挥舞。鼓励幼儿大胆地到前面进行示范表演，充分发展幼儿的手臂控制能力；同时引导幼儿用形象的语言描述出舞动的彩带像什么。

第二次探索彩带的玩法，随音乐尝试运用身体的各个部位和彩带共同舞动师：我们身体上还有哪里可以和彩带一起跳舞？

幼：小脚。

师：小脚可以怎样动？幼：可以小碎步。幼：还可以向后踢着跳。幼：还可以单腿转……

师：让我们随着音乐把想法表现出来吧，看谁的彩带舞动得最美。

教师观察幼儿在自由探索时能否找到宽敞的地方，是一个人玩还是合作玩，能否探索多种玩法；观察幼儿能否用两个或两个以上的身体部位共同挥舞彩带，引导幼儿发现屈膝、跳跃、旋转等运动技能，进行创编。引导幼儿避免与同伴碰撞。

（4）游戏"风中的彩带"。

幼儿猜想风中彩带的变化：当风大时彩带怎样？风小时彩带怎样？风停时彩带会怎样表现？

听指令玩游戏。如"大风来了"，幼儿挥动大臂舞动彩带；"风小了"，幼儿摆动小臂或手腕舞动彩带；"风停了"，幼儿静止不动摆造型。

听音乐和指令，表现飞舞的彩带。

师：让我们听着音乐做游戏吧，音乐停下来时看谁的动作造型最美。

教师启发幼儿感受音乐节奏快是大风来了，音乐节奏慢是风变小了。

教师观察幼儿对游戏的兴趣；要求幼儿听音乐指令游戏；观察幼儿能否运用大臂和小臂或手腕舞动彩带表现不同的状态。

3. 结束部分

（1）音乐律动："彩带操"。在音乐声中将幼儿创编的各种动作编排成优美的彩带操，师幼共同表演"彩带操"。

（2）"搭彩车"放松活动。

要求幼儿跟随音乐节奏共同做创编出来的彩带操，最后利用手中的彩带"搭彩车"，进行放松活动。观察幼儿的活动量是否足够，引导幼儿控制呼吸的节奏，调整运动后的状态。

六、案例评析

在"飞舞的彩带"健康活动中，幼儿通过积极探索彩带的多种玩法，获得"发展手臂控制能力"的健康领域核心经验。

（1）活动开始教师以律动操的形式引入，充分活动幼儿身体的各个部位，通过师幼谈话，回忆生活中的已有经验并能够大胆、完整地描述出来。

随后教师引导幼儿自由探索彩带的玩法，在师幼互动和幼儿间互动中，幼儿得到了手臂控制能力的锻炼，使肢体协调性不断增强。此时随着玩法的逐渐增多，也极大地调动了幼儿的积极性和主动性，从单一的上肢肢体动作逐步过渡到全身各部位的动作整体配合。在这一环节中，教师运用了以下教学方法：演示和示范法。幼儿的彩带操表演和幼儿示范并大胆地进行想象与表现，调动了幼儿参与活动的欲望。引导法：鼓励引导幼儿运用身体的各部位随彩带一起舞动，激发幼儿创编出更多彩带的玩法。操作练习法：多次探索操作，让幼儿有充分的空间和时间发现、创编多种玩法，并在与大家分享的同时练习、加强了手臂控制能力和肢体的协调性，激发了幼儿的创造力和想象力。

（2）在"风中的彩带"这一环节，教师特别凸显了游戏法。

听指令变换角色，积极地表现大风、小风和风停时彩带的不同姿态等角色游戏。幼儿在运用身体各部位的动作配合中发挥了想象力，让其可以积极地参与活动，自由地表现自己的想法和感受。教师设计了节奏鲜明的音乐伴随着游戏，当风大时彩带怎样？风小时彩带怎样？风停时彩带怎样表现？幼儿自由地表现，如"大风来了"，幼儿挥动大臂，左右摇摆地舞动彩带；"风小了"有的幼儿就摆动小臂或手腕舞动彩带；"风停了"幼儿静止不动的造型等。

（3）在音乐律动"彩带操"这一环节中，教师将幼儿自主创编的动作重新组合，编排成一套优美的彩带操，让幼儿体验到成功的快乐，同时使幼儿体能运动达到一定的活动量。

教师和幼儿还可以利用手中的彩带搭成一个五彩车，体验合作的快乐，在轻松愉快的氛围中结束活动。本次活动给幼儿提供了发展体能、充分表现内心感受的机

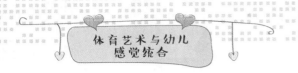

会，让幼儿在活动中快乐地成长，全面和谐地发展。

案例五：好玩的"彩圈"（大班）

一、设计思路

彩圈属于体育艺术器械中轻器械的一种，幼儿容易手持操作，它的形状为圆圈形，可以滚动甚至抛起来落地会有一定的弹性，安全系数相对较高，可以利用彩圈的一物多玩进行感觉统合活动的开展，锻炼幼儿的手眼协调能力以及全身性的协调能力。

二、活动目标

（1）通过彩圈的一物多玩锻炼幼儿身体及手眼协调能力。

（2）通过游戏使幼儿掌握跑步的动作技能。

（3）培养幼儿积极参与游戏、愿意遵守游戏规则的意识。

三、活动重难点

1. 重点

能够躲避障碍顺利地完成游戏

2. 难点

能够手眼协调地在跑动中抓住彩圈

四、游戏准备

开阔的场地、彩色圈若干、雪糕桶障碍物

五、活动过程

1. 开始部分

（1）彩圈热身操。

手持彩圈进行热身操活动：头部—手臂伸展活动—腰部—膝盖—小脚。

（2）彩圈慢跑。

师：小朋友们，今天我们要跟彩圈做朋友，轻轻将它拿起来跟着老师进行热身活动，圈圈变成"方向盘"，我们一起"开车"出发吧。开车注意保持安全距离，不要发生拥堵。

2. 基本部分

（1）探索与学习阶段。

①彩圈探索：幼儿手持彩圈在场地中央自主玩耍，探索彩圈的不同玩法。

②教师示范：教师在原地利用上肢力量将彩圈进行旋转、利用双手将彩圈抛投出去、利用手臂力量将彩圈滚动出去。

③幼儿学习：教师给予幼儿学习时间，模仿学习教师的动作，同时帮助能力较弱的幼儿。

（要求：彩圈不能够离开自己身体太远，提醒幼儿保护好自己的彩圈。）

（2）升华阶段。

我和"彩圈"赛跑：将幼儿以男孩和女孩分成两组，收集幼儿们的彩圈于手上，利用彩圈能滚动和有弹性的特性，将手中的彩圈抛向外面，幼儿听到"跑"的信号，分组跑出将彩圈"抓"回来，在游戏中提升幼儿的手眼协调能力。

师：下面我们跟彩圈玩赛跑游戏，教师将手中的彩圈往外抛出，你们要快速地跑出去帮老师把彩圈抓回来。跑动过程中注意安全，保持与同伴之间的距离，同时把你们的小脚抬起来防止摔跤。

"彩色保护圈"：教师将彩圈分散地放在场地中央，幼儿听到"跑"的信号，迅速占领外面的彩圈；第二次游戏时，教师可以适当将彩圈的数量减少，让幼儿两人或多人之间完成占圈，提升幼儿的合作能力。

师：不好了，你们的彩圈被我全部抛出去了，它是你的"保护圈"，老师变成一只"大灰狼"，你们要迅速躲回到你们的"保护圈"内，被我抓到就停止游戏一次。

师：如果场地上的彩圈数量少了，你们该怎么办呢？自己要开动脑筋哦。

3. 结束部分

（1）收拾彩圈并且进行放松活动。

（2）小结：表扬幼儿们不畏困难的精神，提醒幼儿经常参加体育锻炼。

六、案例评析

在本活动的教学中教师创设了有趣的开车情境，贯穿课堂活动的始终，使幼儿在有趣的情境中投入快速往返跑的活动。幼儿们学得轻松，快乐，学有所得！

（1）创设了幼儿喜闻乐见的情境，激发幼儿的学习兴趣。

（2）本课的幼儿活动充分。幼儿体能得到了很好的锻炼；幼儿合作意识和能力得到了提高。

（3）在游戏环节都创设了竞争情境，游戏活动要求明确，每一次活动中注重适时评价，对小组活动进行评价。这大大激励了幼儿的竞争意识和团队意识！

（4）新课前准备活动充分，由走到跑、队形变化，注重幼儿热身活动。

案例六：体操垫子的快乐（大班）

一、设计意图

体操垫子在体育艺术领域中是不可缺乏的保护性器械，它具有软弹、舒适、面积大的特性，将其运用到幼儿感觉统合活动中满足了安全性原则，能够在一个非常安全舒适的环境中锻炼幼儿的感知能力，使前庭感受器的功能良好发展。同时大班幼儿对爬行基本动作有一定的经验，本次活动可让幼儿有更进一步的提高，为此设计出利用体操垫子作为活动器械的活动课程。

二、活动目标

（1）练习侧滚翻、前滚翻、匍匐爬行，提高平衡能力和灵敏协调能力。

（2）通过不断练习感知身体的侧滚移动、前翻滚移动，增强前庭器官的功能和位觉。

（3）体验情境游戏的乐趣，增强体育活动的兴趣。

三、活动重难点

1. 重点

能够安全地将身体成团翻滚。

2. 难点

低头、含胸、屈膝成团进行前滚翻学习。

四、游戏准备

体操垫若干、小型软质方块若干。

五、活动过程

1. 开始部分

（1）集合整队，师幼问好。

（2）徒手热身操，唤醒身心，激起动机，集中注意。

（3）针对性的热身活动防止活动中出现受伤，如对脖子部位进行针对性的准备活动：转头、左右扭头、点头、抬头。

（4）听信号迅速原地抱膝盖蹲（初步体验翻滚抱膝的感觉），弯腰屈膝从胯下看后面（感受身体翻转的感觉）。

师：今天我们变成一个"小团团"，请看我的示范。

师：当听到"抱团"的信号时，我们迅速蹲下双手抱紧自己的膝盖，使自己变成一个"小团团"。

2. 基本部分

（1）探索与学习阶段：利用自己的方法通过前方垫子。

师：我们前方有一条长垫子铺成的道路，小朋友们开动脑筋，用自己的方法通过，注意保持自己的身体在垫子上，与前面的小朋友保持安全距离。

（教师提示：手膝爬—匍匐爬行—倒后匍匐爬行。）

（2）升华阶段：抱团侧滚翻方式通过垫子。

手臂支撑，让幼儿横向支撑移动通过垫子。

逐步引导出侧滚翻转通过垫子。

师：小朋友们，老师还有一种非常厉害的方法通过垫子——首先双手撑在垫子边缘，头部低下看鞋子，双脚踩在方块上轻轻一蹬，一边肩膀先接触垫子翻滚过垫

子。（游戏过程中，需要教师辅助完成，确保幼儿人身安全。）

3. 结束部分

（1）两人互搭肩膀进行肩部放松。

（2）小结：表扬和鼓励幼儿继续挑战更高难度。

（3）收拾器械。

六、案例评析

一是课前准备充分，教具齐全、课件精美、教案熟练。二是课堂表现沉着、思路清晰，没有出现明显的教学遗漏等现象。三是目标明确、重难点把握得当，课堂结构合理，层层深入，没有出现知识性错误等。这说明执教者课前查阅了大量的资料，认真透彻地研究过教材，在课外下了不少的功夫。

在幼儿体育艺术器械活动中，要遵循趣味性、可发展性、安全实用性、合理科学性原则。在创编幼儿体育艺术器械活动时，活动难度要循序渐进，时刻关注每个幼儿，因地制宜、因材施教。

1. 根据本章内容以及查阅文献，运用体育艺术中的器械设计一堂趣味性的感统课。

2. 查阅文献，搜集整理并再次寻求新的体育艺术器械。

体育艺术与特殊儿童感统练习

针对特殊儿童，从体育艺术角度出发，结合感统训练丰富的训练方法、内容及练习形式等方面来激发幼儿对训练的兴趣，使之更加积极主动地参与课堂活动，培养幼儿的自信心、创造力、想象力及运动能力，促进特殊儿童的身心健康发展。本章介绍了孤独症谱系障碍、认知功能障碍和注意缺陷多动障碍，主要对脑瘫儿童的特点和训练对策进行了阐述。最后，通过对幼儿园的两名脑瘫儿童干预实践案例分析和总结，为特殊儿童感统训练方式多元化提供理论与实践基础。

◆ 了解特殊儿童的感觉统合练习。

◆ 熟知脑瘫儿童的感觉统合练习。

◆ 分析脑瘫儿童的练习项目的实践案例。

第一节　特殊儿童的感觉统合练习

一、特殊儿童的概念

特殊儿童是指与正常儿童在各方面有显著差异的各类儿童。这些差异可表现为智力、感官、情绪、肢体、行为或言语等方面，既包括发展上低于正常的儿童，也包括高于正常发展的儿童以及有轻微违法犯罪的儿童。

二、特殊儿童的锻炼

对于特殊儿童的感觉统合训练，主要挑选了三类较为常见的类型，即孤独症谱系障碍、认知功能障碍、注意缺陷多动障碍。对于这三种类型，又主要从前庭觉、本体觉与触觉进行训练。

（一）前庭平衡觉的锻炼

前庭器官不断向中枢传递身体的静态和动态信息，确保个体头部与躯干保持合理的省力的姿势，及时应对失衡，保持身体平衡，为个体活动和安静活动提供保障；前庭神经刺激人际关系可以影响儿童的情感行为，人际交往是建立在个人感觉、动作和言语的基础上的。在语言与情感有效互动的基础上，前庭受体和皮肤中的一些感觉小体和自由神经末梢也参与深度感觉活动，其神经通路与上述本体觉基本一致。因此对特殊儿童进行前庭觉的锻炼，安排适当的运动负荷，激励幼儿积极参与游戏，提高身体素质，提高协调性。同时促进中枢神经系统、周围神经系统以及肌肉和关节进行高度协作。

前庭平衡觉活动相关器材：平衡车、晃动平衡木、平衡跷跷板、平衡触觉板、独角椅、感统大陀螺、踩踏石等。

（二）本体觉的锻炼

本体感受是感知个体空间位置、运动状态和身体变化的感觉。触觉、听觉和视觉是人们感知外界的主要感觉系统，本体觉和前庭觉是感知个体自身身体活动状态的感觉系统。在特殊儿童中，常见的是本体觉统合失调，对儿童运动能力和相关能力的发展具有负面影响。本体觉是感知个体自身运动状态的感觉器官，其正常功能直接反应在个体的显性行为中。本体觉的感知中枢通路比较复杂，由多个通路组成。躯干和四肢的传入冲动到达脊髓后柱的核，交换神经元穿过对侧，沿着薄束和楔束（脊髓后索）上升，形成内侧丘系统。头部的神经冲动沿着三叉神经传递到三叉神经节，然后穿过三叉神经丘系统。三叉神经核内侧丘均到达丘脑腹后核，皮质后回在神经元交换后沿内囊到达中央后回。因此，对特殊儿童进行本体觉的锻炼，可以增强本体感知的信号，加强对身体的控制和全身的协调性，提高身体的力量和弹跳质量。

本体觉相关器材：羊角球、踏板、环形圈、球类、毽子、手脚并用垫、跳房子地垫、颜色板等。

（三）触觉的锻炼

皮肤感觉是个体感觉系统的第一次发展，其中触觉和痛觉最先出现。在儿童的整个发展过程中，触摸是儿童了解外部世界和自我形象的重要信息手段。在特殊儿童中，触觉障碍在一定程度上是常见的。触摸在儿童的发展中起着特殊的作用，触摸刺激是儿童感知、认知和运动的基础。儿童通过触觉感知了解客观事物，从而了解世界；触觉感知对儿童的社会交往也有着至关重要的影响。因此，对特殊儿童进行触觉的锻炼，可以提高皮肤和感觉器官接受刺激的敏感性，建立大脑处理信息的能力与身体的统一协调关系。

触觉相关器材：儿童平衡触觉板、平衡步道、触觉彩虹石、榴莲球、蹦蹦床、羊角球等。

三、特殊儿童的练习对策

（一）孤独症谱系障碍（Autism Spectrum Disorder，ASD）的概念、特点及练习对策

1. ASD 的概念

ASD 是一种起源于儿童早期，以社会交流障碍和重复刻板行为为核心特征的神经发育障碍类疾病。既包括了典型孤独症、不典型孤独症，又包括了阿斯伯格综合症、孤独症边缘、孤独症疑似等症状。

2. ASD 的特点

（1）社会交流障碍。一般表现为缺乏与他人的交流或交流技巧，与父母亲之间缺乏安全依恋关系等。

（2）语言交流障碍。语言发育落后，或者在正常语言发育后出现语言倒退，或语言缺乏交流性质。

（3）重复刻板行为。表现为重复使用物体、特殊的感官兴趣、反复的手部动作以及特殊或狭隘的兴趣。

3. 练习对策

由于 ASD 儿童有社会交流、语言交流、重复刻板行为的问题，根据每个儿童不同的特点进行针对性的训练。如幼儿有社会交流的问题，根据幼儿的兴趣设计有关体育艺术与感觉统合的游戏，使幼儿与其他小朋友有一定的接触，但如果幼儿表现得非常的抗拒，教师需要循序渐进地进行。如幼儿有重复刻板行为，根据幼儿的表现，适当用其他的方式吸引幼儿的注意力，减少幼儿的重复行为。同时教师可以使用感觉统合训练的器械，结合体育艺术，设计游戏，配上音乐，让幼儿律动起来。

（二）认知功能障碍的概念、特点及练习方法

1. 认知功能障碍的概念

认知功能是由定向力、注意、记忆等多个认知域构成，如果多个认知域发生障碍，统称为认知功能障碍。认知功能障碍分为轻度、中度和高度。

2．认知功能障碍的特点

（1）感知障碍。如感觉过敏、感觉迟钝、内感不适、感觉变质、感觉剥夺、病理性错觉、幻觉、感知综合障碍。

（2）记忆障碍。记忆过强、记忆缺损、记忆错误。

（3）思维障碍。抽象概括过程障碍、联想过程障碍、思维逻辑障碍、妄想等。

3．练习方法

对于有认知障碍的儿童，需要加强儿童的思维能力，有些记忆力较弱、思维逻辑较弱的，可以采用整体知觉和部分知觉训练进行调整。例如：从幼儿学习事物所经历的命名、辨认、发音三个阶段来看，特殊儿童可以在颜色认知训练中达到以下目标。命名：能指认物品并说出名称或某一颜色的概念，建立颜色与颜色概念之间的关系，例如"这是红色"。辨认：儿童能根据某一颜色概念从 2 ~ 3 种颜色中找到与概念相应的颜色，例如"哪个是红色"。发音：儿童能说出颜色的名称或概念，例如"这是什么颜色？"，儿童回答"这是红色的"。教师也可以放一些指向性强的音乐，当音乐出现小动物的叫声时，幼儿可以根据声音做出相应的动作。

（三）注意缺陷多动障碍（Attention Deficit Hyperactivity Disorder，ADHD）的概念、特点及练习方法

1．ADHD 的概念

ADHD 是学龄儿童最常见的神经发育障碍，其核心症状主要为与年龄不相称的注意力不集中、多动和冲动行为，常伴随学习困难和社交障碍，严重影响儿童的生活、学业和社会功能。

2．ADHD 的特点

（1）注意缺陷。该障碍儿童注意集中时间短暂，注意力易分散，他们常常不能把无关刺激过滤掉，对各种刺激都会产生反应。因此，他们在听课、做作业或做其他事情时，注意力常常难以保持持久，易发愣走神；经常因周围环境中的动静而分心，并东张西望或接话茬；做事往往难以持久，常常一件事未做完，又去做另一件事；难以始终地遵守指令而完成要求完成的任务；做事时也常常不注意细节，常因粗心大意而出错；经常有意回避或不愿意从事需要较长时间集中精力的任务，如写作业，也不能按时完成这些任务；常常丢三落四，遗失自己的物品或好忘事；与他人说话，也常常心不在焉，似听非听等。

（2）活动过度。活动过度是指与同年龄、同性别大多数儿童比，儿童的活动水平超出了与其发育相适应的应有的水平。活动过度多起始于幼儿早期，但也有部分人起始于婴儿期。在婴儿期，表现为格外活泼，爱从摇篮或小车里向外爬，当开始走路时，往往以跑代步；在幼儿期后，表现好动，坐不住，爱登高爬低，翻箱倒柜，难以安静地做事，难以安静地玩耍。上学后，因受到纪律等限制，其表现更为突出。上课坐不住，在座位上扭来扭去，小动作多，常常玩弄铅笔、橡皮甚至书包带，与同学说话，甚至下座位；下课后招惹同学，话多，好奔跑喧闹，难以安静地玩耍。进入青春期后，小动作减少，但可能主观感到坐立不安。

（3）好冲动。该障碍儿童做事较冲动，不考虑后果。因此，他们常常会不分场合地插话或打断别人的谈话；会经常打扰或干涉他人的活动；教师问话未完，会经常未经允许而抢先回答；会常常登高爬低而不考虑危险；会在鲁莽中给他人或自己造成伤害。该障碍儿童情绪也常常不稳定，容易过度兴奋，也容易因一点小事而不耐烦、发脾气或哭闹，甚至出现反抗和攻击性行为。

（4）认知障碍和学习困难。部分该障碍儿童存在空间知觉障碍、视听转换障碍等。虽然他们智力正常或接近正常，但由于注意障碍、活动过度和认知障碍，常常出现学习困难，学业成绩常明显落后于智力应有的水平。

（5）情绪行为障碍。

部分该障碍儿童因经常受到教师和家长的批评及同伴的排斥而出现焦虑和抑郁，其中约20%～30%伴有焦虑障碍，该障碍与品行障碍的同病率则高达30%～58%。与同龄人相比，ADHD的青少年在情感上显得较不成熟，而且会较多地伴有对立违抗障碍、冲动、发脾气等情绪问题甚至吸毒、犯罪等行为问题。已有研究表明，有多动症的儿童如不积极治疗很容易导致青少年犯罪。事实上，情绪和行为障碍往往是多动症儿童社会功能损害的一个重要原因。

3. 练习方法

对于有注意缺陷多动障碍的儿童，一定要注意动静结合。在训练初期，运动发展的强化主要在高速活动时的平衡能力，促进身体和地心引力上的正确协调，能持久保持安定姿势的能力等方面。在"静"态训练的游戏中可做平衡台接投球、趴地推球、立定投篮等项目。"动"态训练的游戏可做跳床、跳床上边跳边接投球、滑板、推击障碍物，有助于空间距离觉及判断力的发展。

第二节　脑瘫儿童的感觉统合练习

一、脑瘫儿童的特点

1843 年，英国的威廉·约翰·利特尔（William John Little）在《柳叶刀》（Lancet）杂志上发表的文章中首次提到了因难产发生脑损伤引起痉挛性瘫痪的病例。到 1888 年，伯吉斯（Burgess）发表的文章中首次使用了脑瘫（Cerebral Palsy, CP）一词。经过一百多年的发展和研究，CP 一词沿用至今。由罗森鲍姆（Rosenbaum）等 2007 年发表的对脑瘫最新的定义，是一组发生于发育中的胎儿或婴儿大脑的非进行性功能紊乱所引起的活动受限症候群：存在发育性的持续运动和姿势障碍；常伴有感觉、知觉、认知、沟通、行为功能紊乱，并可伴发癫痫、继发性的骨骼肌肉问题。[1] 脑瘫的长期姿势异常和肌肉活动异常会导致关节萎缩畸形，给患儿的日常生活带来极大影响。

目前，主流对脑瘫的临床诊断采用哈贝格（Hagberg）等提出的方法，根据患者运动功能障碍的程度将脑瘫分为四种类型，分别是痉挛型、不随意运动型、共济失调型以及混合型。然而，痉挛型脑瘫是脑瘫中最为常见的类型。痉挛型脑瘫由于上

① ROSENBAUM P, PANETH N, LEVITON A, et al. A report: the definition and classification of cerebral palsy April 2006 [J]. Dev Med Child Neurol，2007，49(6)：8-14.

运动神经元、皮质脊髓束、皮质运动区受损引起神经肌肉活动异常，主要表现为肌张力过高，同时可能伴有反射亢进、震颤、巴宾斯基反射以及持续原始反射等症状。根据四肢瘫痪的情况，又可将痉挛型脑瘫细分为偏瘫、双下肢瘫及四肢瘫。其中偏瘫患者身体一侧呈现肌肉强直状态，通常发生在上肢与手部，有时也会出现在下肢；双下肢瘫患者牵动腿部和髋关节的肌肉表现为强直状态，导致步态异常，可能会出现剪刀步态；四肢瘫患者是痉挛型中最严重的一类，存在步行、交流、认知等障碍。

在脑瘫幼儿进幼儿园后，有针对性对幼儿运动功能异常进行准确评估，并同时开展个性化的康复训练，不仅能够减轻幼儿运动功能障碍程度，还可以帮助幼儿恢复日常的基本行为能力。目前，对脑瘫幼儿运动功能评估主要基于运动分析的评估。粗大运动功能分级系统（GMFCS）由罗伯特（Robert）等人于1997年提出，分级以自发运动为依据来衡量粗大运动功能随年龄的变化，注重坐（躯干控制）和行走的能力。量表定义了5个级别，各级之间的差异能够区分具有临床意义的运功功能，具体标准从以下3个方面来界定：（1）幼儿运动功能受到限制的程度，比如只能坐不能站；（2）幼儿对辅助工具的依赖程度，比如幼儿是否需要借助拐杖移动；（3）幼儿活动质量降低程度，比如在人群中幼儿行走能力是否受到限制。量表评估的结果不仅可用于跟踪幼儿运动功能发育状况，预测不同类型、不同运动障碍程度的脑瘫幼儿发育轨迹，还可评估幼儿使用不同康复治疗方法的康复效果。

在融合教育越来越普及的现阶段，更多有特殊需要的幼儿会在3岁时进入普通幼儿园集体，融入正常幼儿的集体生活，接受平等、高质、适宜的教育与生活。近些年来对入园的特殊需要幼儿观察，大致可以分为两大类：（1）可独立行走，肢体功能不受限制，能够完成日常生活动作，根据临床表现的严重程度，划分为轻度脑瘫症状的幼儿，这部分幼儿智商一般能够在70以上，且具有基本的语言表达能力，能够表达自己的意愿，清晰自己的需求，基本生活自理能力基本具备。（2）平地可独立行走，上下楼梯则需要帮助，肢体功能部分受限，日常生活动作表现为较普通幼儿慢一些，根据临床表现的严重程度，划分为中度脑瘫症状的幼儿，这部分幼儿智商一般在 70 以下，语言表达能力不完善，运动能力低下，需要人帮助才能完成一些基本的动作。这部分幼儿能力大致都会介于不能自理的边缘状态，即入园时需要家长跟班参加集体生活，但经过一段时间的适应期，逐渐能够融入幼儿园的学习与生活。能进入幼儿园学习与生活的幼儿基本具备一定的运动能力，但是还是会存在有一部分幼儿还没完全脱离医疗机构的康复训练，往往这部分幼儿会选择先在幼儿园上学半天，另外半天则到专业机构进行康复训练。经过了一年时间的适应期，幼儿能够基本适应幼儿园集体生活后，幼儿园根据幼儿能力的表现，对应幼儿的需求，安排合适的感觉统合活动为脑瘫幼儿服务，感统活动一般会利用幼儿在参加五大领域活动之余的时间进行。

二、脑瘫儿童的感觉统合练习对策

特殊儿童的早期融合教育问题逐渐受到重视。融合教育为特殊需要儿童提供高质量的、适宜的、平等的、高效的教育与相关服务。[1] 一般情况下，能够进入幼儿园集体生活的脑瘫幼儿，基本是属于轻微状况的。轻微脑瘫幼儿在 3 岁前通过积极干预，基本达到进入普通幼儿园集体生活的能力水平，能够进入幼儿园学习与生活。但是脑瘫幼儿毕竟需要专业医学手段持续的干预与治疗，所以在幼儿园的前一年时间里，幼儿基本是一天有一半的时间需要去专业医疗机构接受干预。在幼儿园的时间里，脑瘫幼儿除了正常参加集体活动外，还会参加幼儿园开展的感觉统合活动。

感觉统合理论是 1969 年由教育心理学家、作业治疗师 Ayres 博士首先提出的。[2] 感觉统合是个体组织分析、综合处理来自身体及外界环境的感觉信息，使身体能在环境中有效率运动的过程。感觉统合训练的理论依据是大脑对前庭觉、触觉、本体觉、视觉以及听觉感觉器官传入的感觉信息进行筛查、识别、解释和整合并依据既往经验对环境做出适应性反应。感觉统合训练借助感觉统合治疗器材，为儿童提供

① 邓猛．融合教育：理论反思与本土化探索[M]．北京：北京大学出版社，2014：67．

② AYRES A J. Improving academic scores through sensory Integration.Journal of Learning Disabilities, 1972, 5(6)：338-343.

丰富的听觉、视觉、触觉、本体觉、前庭觉等信息，并引导其结合主动参与的游戏方式，儿童能够有效地整合各种感觉刺激，做出适应性反应。幼儿园中运用感觉统合游戏活动对脑瘫幼儿进行运动干预，可以改善脑瘫幼儿粗大运动功能、平衡能力、步行能力、关节活动度、肌肉力量等，帮助幼儿提升运动能力，提高肢体活动水平。①

感觉统合功能与幼儿每个行为的发生都有着非常密切的联系。因此，正常的感觉统合功能是幼儿能够协调运动的保证。感觉统合活动的理论基础有以下五个方面。

（一）神经系统的可塑性

随着个体的不断成长，神经系统的结构、功能与可塑性会日趋成熟。可塑性是指在良好的条件下，个体与环境之间的互动使神经系统的功能得到强化，从而导致个体的行为发生了改变。这个改变并非是指神经系统在结构上的变化，而是仅仅表示神经系统在功能上的改变。

（二）发育的连续性

个体的发育过程会按照内在的规律进行。研究显示，个体发育时的正常顺序，可能会受出生时的恶劣因素（如窒息、低体重）影响。因此，个体正常神经发育的恢复，可以依靠感觉统合训练施加给个体的适当刺激而获得。

（三）神经系统的分工

感觉的输入、整合及关联由大脑的初级皮层区进行，而概括、知觉、推理、语言和学习等高级认知活动，则由大脑的高级皮层区来完成。感觉统合是高级认知能力发展的基础。让儿童获得良好的感觉统合能力，可以为其将来获得复杂的学习技能打下基础。

（四）适应性行为

个体的感觉统合能力体现在适应性行为上，它与个体感觉统合能力相辅相成。

①姜美玲．学龄前脑瘫儿童注意缺陷多动障碍症状的临床特征与感觉统合干预疗效探究[D]．佳木斯：佳木斯大学，2020.

这是一种有目的的行为，它使个体能成功地应对符合当前发展水平需要的挑战，并从中获取新的知识。大脑对躯体活动时所产生的感觉进行组织与整合，为个体的身心发展提供基础。因此，儿童经验的获得和建构并不只是依靠感觉，而是根源于其感觉与运动的相互作用。适应性行为让儿童学习更复杂、更高级的运动过程，在这个运动过程中又会出现新的反应模式。

（五）内驱力

正常情况下，在参与感知运动的活动中，存在一种可促进幼儿自我指导和自我实现的能力，称为内驱力。但是感觉统合失调的儿童缺乏这样的能力，因此他们很难积极地投入新的情境中并接受新的挑战，获取新的经验。在训练过程中，幼儿会对已有的环境逐渐熟悉，随后变得自信和有勇气，敢于挑战。这种不断强化的过程，能够提高感觉的输入和整合能力，使幼儿得到更强的自我指导和自我实现内驱力。

三、感觉统合游戏活动干预脑瘫幼儿的练习对策

（一）前庭平衡觉的锻炼

前庭功能主要受前庭系统影响。前庭是人体平衡系统的主要末梢感受器官，它对个体动作与位置的任何改变都极为敏感。前庭功能形成于胎儿早期，在胎儿成长的第九周就已发育，在第十周前后就已经开始发挥其功能。怀孕五个月时，胎儿的前庭系统的发展达到良好程度。胎儿的前庭系统会在整个怀孕期间，受到母亲身体运动的刺激。大部分的前庭信息在经过前庭核和小脑的处理后，再向下传入脊髓进入脑干进行统合。如果前庭功能失常，个体的平衡系统就会受到影响发生紊乱，个体会产生眩晕。平衡感是后天形成的。平衡能力是指来自中枢神经和骨架的协调功能。平衡系统与中耳的半规管相结合，形成辨识系统，协调身体和重力之间的平衡。人时刻在进行身体与重力平衡的感觉统合。对脑瘫幼儿进行前庭平衡觉的锻炼，可以很大程度上改善平衡神经体系的自主反应的功能并调整前庭信息，并能促进视听觉能力发展，健全语言神经组织。

前庭平衡觉活动相关器械主要包括大龙球、滑梯、平衡踩踏车、袋鼠袋、晃动独木桥、圆筒、圆形滑车、平衡台等。前庭平衡觉相关活动，如平衡木：幼儿在平衡木上面行走，前进走、后退走、侧着走等形式均可改善平衡功能；摇呼啦圈：幼儿在音乐的带动下进行不同形式不同难度的摇呼啦圈练习，通过旋转的呼啦圈以及摇摆呼啦圈改善其前庭平衡能力。

（二）触觉的锻炼

触觉指覆盖整个身体表面的感觉细胞所接受到的、来自外界的感觉，主要包括温度、湿度、压力、震动及痛觉。触觉感是先天形成的。触觉系统是人体最早的感觉系统，形成于胚胎时期。其主要功能是确保人体对外界环境所带来的温度、湿度、痛觉、压力等，做出正确反应。对脑瘫幼儿进行触觉的锻炼，刺激其皮肤与大小肌肉关节的神经感应的相互之间强化，可以增强感觉辨识能力并调整脑部感觉神经的灵敏度。

触觉活动的相关器械主要包括平衡触觉板、按摩球、波波池、跳床、羊角球等。触觉相关活动，如按摩球：幼儿手推按摩球向前行走，可根据难度变换行走路线的长度与弯曲度；平衡触觉板：幼儿徒手或手持物品走过平衡触觉板，增加触觉板的长度或者高度可以改变练习难度，进一步改善幼儿触觉能力。

（三）本体觉的锻炼

本体感觉又称为深感觉，这种感觉可以用来了解身体的位置与运动状况，是从身体内部的肌肉和关节传导而来。本体觉向上传导，经过脊髓、脑干及小脑，最终到达大脑半球。大部分的本体觉输入后，在大脑产生感觉的区域进行处理。对脑瘫幼儿进行强化前庭平衡、触觉、固有平衡、大小肌肉双侧协调，能提高身体运动能力，促进左右半球的均衡发展。

本体觉活动的相关器械主要包括滑板车、晃动独木桥、跳床、垂直平衡木、平衡台、形水平平衡木、圆形平衡板。本体觉相关活动，如滑板车：幼儿俯卧于滑板车上，头、胸、脚抬高，双手抓住滑梯两侧用力向下滑。当滑板滑下斜坡或滑过地板时，幼儿利用身体对抗重力，前臂朝前伸展，双腿并拢抬高，强烈的刺激使头部、颈肌同时收缩，促进身体本体保护性伸展行为的成熟。羊角球活动：幼儿坐在羊角球上，双手紧握手把，体屈曲往前跳动，方向可以前、后、左、右变化，高度可以随时调整，以适应幼儿不同难度的需要。这样可以提高幼儿动作的灵敏性、协调性、增强上肢、下肢和腰腹的力量，促进姿势和身体双侧的整体统合，改善幼儿运动企划的功能，提高幼儿观察力和注意力。

第三节　脑瘫儿童练习项目的实践案例

一、个案基本情况

　　某双胞胎，女孩，出生时由于难产被诊断为脑瘫患儿，2021 年为我园首批感觉统合课程训练对象。我园针对双胞胎的症状对其进行干预。经过干预，个案在感知、粗大动作、精细动作、言语、认知等方面都发生了显著的变化。

　　姐姐情况：性格较任性，对陌生人较为冷漠，不善与陌生人交谈，但与妹妹一起玩游戏时表现得较为活泼。2 岁左右可独走但步态异常，跑跳受限，平衡感差。有色素失禁症及抽搐病史，左眼眼底改变。语言表达和理解力正常。四肢张力及肌力正常，左侧肢体活动欠佳。喜欢音乐，听到音乐会跟着节奏舞动。执行力较强，玩游戏时会努力完成。

　　妹妹情况：2 岁左右可独走但步态异常，痉挛型偏瘫（右），右侧肢体功能较差，右下肢略短。与姐姐相比更爱与教师交流，能主动回答教师的问题。喜欢有节奏感的音乐，游戏中配合度较高，看到器材会主动拿起来玩。对姐姐的依赖度较高，时常会叫姐姐一起游戏。

二、初期评定结果

经过考察、家访，了解了幼儿基本情况之后，对姐妹进行了评估，根据本教材第三章的测试方法分别进行了粗大动作、精细动作测试，其内容包括姿势控制、投掷类、移动类、抓放能力、运动与技能等。在测试过程中了解到姐妹在大多运动方面都是低于正常幼儿的，闭眼单足站立、单脚连续向前跳等的基本动作是无法完成的。在整个测试中以游戏的方式诱导促使过程顺利，给幼儿营造一个轻松的氛围，使幼儿集中注意力，认真完成测试项目。

三、体育艺术活动结合感统训练课程干预教案

（一）触觉

感觉统合游戏教案一（小班）

（1）类别：触觉。

（2）针对年龄群体：3～4岁儿童。

（3）游戏意图：促进并提高儿童大脑和身体相互协调的学习能力，提升对触觉的敏锐性，培养儿童的注意力和好奇心，增加快乐情绪。

（4）游戏名称：运输炸弹。

（5）游戏时间：40分钟。

（6）游戏目标。

①提高儿童脚部皮肤的知觉能力。

②提高儿童的注意力。

（7）活动准备。

①触觉步道2条。

②沙包15个。

（8）活动规则。

①儿童双手拿沙包，两臂伸直打平，赤脚走触觉步道，手持沙包从起点运到终点。

②儿童行走中需双脚脚跟贴着另一人的脚尖。

③教师从旁协助儿童保持身体平衡。

（9）操作方式。

①教师提前准备好开展游戏活动需要用到的教具。

②教师辅助儿童脱掉鞋子并整理好衣物，取掉身上的尖锐物品。

③情境导入：沙包为外星人放置在地球上的"炸弹"，儿童手拿炸弹，双手持平，走过荆棘桥，将炸弹运输到对面星球，全部运输后即挑战成功，如中途炸弹掉了需要回到原点重新运输。

④教师把事先准备好的沙包和触觉步道放置在空旷的场地上。

⑤教师确认儿童已准备好，后发出开始指令，儿童脚跟贴着脚尖向前走去，到终点后儿童放下沙包，再从终点回到起点。

⑥在儿童行走的过程中，教师需指导儿童保持正确的姿势，并协助儿童保持身体平衡。

⑦直到活动时间结束或次数完成，游戏终止。

⑧教师告知儿童游戏结束，辅助儿童起身并整理好衣物。

（10）活动模式：一对二。

（11）活动延伸：教师邀请儿童一起把教具归位。

（12）活动补充：训练中，教师需注意让儿童在行走时保持一定的耐心，避免儿童因着急而出现姿势错误，如出现沙包掉落需让儿童回到起点重新开始游戏，必要的时候教师可给予不能维持平衡的儿童一定的辅助。

感觉统合游戏教案二（小班）

（1）类别：触觉。

（2）针对年龄群体：3～4岁儿童。

（3）游戏意图：促进并提高儿童大脑和身体相互协调的学习能力，提升对触觉的敏锐性，培养儿童的注意力和好奇心，增加快乐情绪。

（4）游戏名称：运输炸弹。

（5）游戏时间：40分钟。

（6）游戏目标。

①提高儿童脚部皮肤的知觉能力。

②提高儿童的注意力。

（7）活动准备。

①麻绳1根（10米）。

②沙包15个。

（8）活动规则。

①儿童头顶沙包，双手伸直打平，赤脚走在"钢丝"（麻绳）上，把沙包从起点运到终点。

②儿童在行走中双脚需脚跟贴着另一人的脚尖，头上的沙包不能掉落。

③教师可从旁协助儿童保持身体平衡。

（9）操作方式。

①教师提前准备好开展游戏活动需要用到的教具。

②教师辅助儿童脱掉鞋子并整理好衣物，取掉身上的尖锐物品。

③情境导入：沙包为外星人放置在地球上的"炸弹"，儿童需要将炸弹放置头顶，双手持平，走过钢丝桥，将炸弹运输到对面星球，不让炸弹在地球"爆炸"（掉在地上），保护我们的地球，全部运输后即挑战成功，如中途炸弹掉了需要回到原点重新运输。

④教师事先把准备好的沙包和麻绳放置在空旷的场地上。

⑤儿童独立拿起沙包放在头顶，赤脚踩在麻绳上，双手打平，做好活动准备。

⑥教师确认儿童已准备好，后发出开始指令，儿童脚跟贴着脚尖地开始向前走去，到终点后儿童放下沙包，再从终点回到起点。

⑦在儿童行走的过程中，教师需指导儿童保持正确的姿势，并协助儿童保持身体平衡。

⑧直到活动时间结束或次数完成，游戏终止。

⑨教师告知儿童游戏结束，辅助儿童起身并整理好衣物。

（10）活动模式：一对二。

（11）活动延伸：教师邀请儿童一起把教具归位。

（12）活动补充：训练中，教师需注意让儿童在行走时保持一定的耐心，避免儿童因着急而出现姿势错误，如沙包掉落需让儿童回到起点重新开始游戏，必要时，教师可给予不能维持平衡的儿童一定的辅助。

（二）前庭觉

感觉统合游戏教案三（小班）

（1）类别：前庭觉。

（2）针对年龄群体：3～4岁儿童。

（3）游戏意图：体验身体与空间的关系，促进手脚协调动作的发展。

（4）游戏名称：阿里巴巴寻宝。

（5）游戏时间：40分钟。

（6）游戏目标。

①提供前庭平衡的刺激。

②增强身体的控制能力。

（7）活动准备：半砖1块、全砖6块、体能棒（70 cm）1根、交通标志。

（8）活动规则。

①根据设置的障碍来完成游戏。

②教师可跟在一旁协助儿童完成。

（9）操作方式。

①教师提前准备好开展游戏活动需要用到的教具。

②教师辅助儿童脱掉鞋子并整理好衣物，取掉身上的尖锐物品。

③情境导入：讲述阿里巴巴与四十大盗的故事，让孩子感受故事里多变的情节。

④将辅助工具搭盖成"迷宫"的情境。让孩子沿着手脚印往前行进，找一找哪一个出口处有金银珠宝（在不同的出口处可设计珠宝、陷阱等不同的关卡）。

⑤分组竞赛，看看哪一组找到的珠宝多。

⑥直到活动时间结束或次数完成，游戏终止。

⑦教师告知儿童游戏结束，辅助儿童起身并整理好衣物。

（10）活动模式：一对二。

（11）活动延伸：户外教学的活动可到超市参观，其中的规律及陈列架等设计可向儿童提供提高空间辨识的能力的素材。

（12）活动补充。

①进行分组竞赛时需说明游戏进行的规则。

②爬行时头颈是否抬高？钻爬时能视教具的高度调整脚的动作。

感觉统合游戏教案四（小班）

（1）类别：前庭觉。

（2）针对年龄群体：3～4岁儿童。

（3）游戏意图：促进动作反应的敏捷性。

（4）游戏名称：横行小螃蟹。

（5）游戏时间：40分钟。

（6）游戏目标。

①能控制身体左右转换的动作。

②增进同伴之间的友谊。

（7）活动准备：体能环（60 cm）2个、半砖6块、沙包数个。

（8）活动规则。

①根据设置的障碍来完成游戏。

②教师可从旁协助儿童完成。

（9）操作方式。

①教师提前准备好开展游戏活动需要用到的教具。

②教师辅助儿童脱掉鞋子并整理好衣物，取掉身上的尖锐物品。

③先准备半砖、体能环及沙包并依图布置分组竞赛路径。由教师示范游戏动作及讲解游戏规则，手持沙包往前绕走半砖的路径，最后将沙包放置在体能环中。

④沙包也可放置在身体上的任一位置并进行绕走的活动，以增加活动的趣味性。

⑤游戏进行时可参考以下计分方式，例如：限时计分、依颜色及数量等计分。

⑥直到活动时间结束或次数完成，游戏终止。

⑦教师告知儿童游戏结束，辅助儿童起身并整理好衣物。

（10）活动模式：一对二。

（11）活动延伸：接力赛的体能活动也可培养儿童动作的敏捷性及反应力。

（12）活动补充。

①活动行进时身体动作与速度的控制。

②进行游戏时，避免碰撞并注意活动地面的平坦性。

（三）本体觉

感觉统合游戏教案五（小班）

（1）类别：本体觉。

（2）针对年龄群体：3～4岁儿童。

（3）游戏意图：增强身体左右协调运动的能力，培养儿童社会交往能力。

（4）游戏名称：小青蛙回池塘。

（5）游戏时间：40分钟。

（6）游戏目标。

①培养动作转换时方向与速度的控制力。

②增强身体左右协调运动的能力。

（7）活动准备：半砖1块、全砖6块、体能棒（70 cm）1根、交通标志。

（8）活动规则。

①模仿青蛙跳跃的动作，并越过障碍。

②教师从旁协助儿童完成。

（9）操作方式。

①教师提前准备好开展游戏活动需要用到的教具。

②教师辅助儿童脱掉鞋子并整理好衣物，取掉身上的尖锐物品。

③布置一水池的情境，将半砖比拟为石头排列成直线的路径，体能环则作为青蛙休息的荷叶。

④请儿童模仿小青蛙跳水的动作，跳过每一个障碍，最后在荷叶上休息。

⑤待儿童熟悉基本跳跃的动作后，则可变化各种不同路径的玩法及跳跃的动作。例如：单脚跳、双脚跳、左右脚交替；弯曲的路径、分组竞赛等。

⑥直到活动时间结束或次数完成，游戏终止。

⑦教师告知儿童游戏结束，辅助儿童起身并整理好衣物。

（10）活动模式：一对一或一对多。

（11）活动延伸：双脚合并跳。

（12）活动补充。

①双脚合并起跳时，双膝与关节弯曲，落地时双脚着地。

②先让儿童练习弹起身体往上跳，熟悉身体动作的控制后再进阶练习跳跃的动作。

感觉统合游戏教案六（小班）

（1）类别：本体觉。

（2）针对年龄群体：3～4岁儿童。

（3）游戏意图：促进爬、跳及走的动作发展。

（4）游戏名称：寻宝闯关记。

（5）游戏时间：40分钟。

（6）游戏目标。

①增进全身动作的协调。

②促进身体双侧协调的能力。

（7）活动准备：体能环（35 cm）6个、体能环（60 cm）6个、敲击乐器。

（8）活动规则。

①根据设置的障碍来完成游戏。

②教师可从旁协助儿童完成。

（9）操作方式。

①教师提前准备好开展游戏活动需要用到的教具。

②教师辅助儿童脱掉鞋子并整理好衣物，取掉身上的尖锐物品。

③进行运动前的热身活动，请儿童扮演气球，当听到打鼓声时，气球就要慢慢胀大，即将身体伸展至最大范围；当听到指令"碰！"时，就表示气球爆破，即把身体缩至最小的范围。

④将辅助工具布置为"钻爬"—"跳"—"前进走"的路径，路径终点可设置一块计分板。当儿童完成路径动作时，则在计分板上留下记号。

⑤行走路径时，让儿童模仿蜗牛爬行或兔子及大象走路的样子。

⑥直到活动时间结束或次数完成，游戏终止。

⑦教师告知儿童游戏结束，辅助儿童起身并整理好衣物。

（10）活动模式：一对二。

（11）活动延伸：待儿童熟悉游戏规则后，可逐渐减少体能环的数量，适当增加活动的难度。进阶活动可将体能环更换为报纸，挑战不同的小工具。

（12）活动补充。

①进行游戏活动前，教师应说明游戏规则并时刻关注儿童的情况。

②关注儿童身体动作与速度的控制及专注的状况。

（四）视听觉

感觉统合游戏教案七（小班）

（1）类别：视听觉。

（2）针对年龄群体：3～4岁儿童。

（3）游戏意图：刺激听动知觉的协调能力，增进手眼协调的能力。

（4）游戏名称：交叉路口。

（5）游戏时间：40分钟。

（6）游戏目标。

①提高儿童听动知觉的协调能力。

②增进空间辨识的能力。

（7）活动准备：半砖4块、全砖4块、体能棒（35 cm）4根、体能棒（70 cm）8根、体能环4个、环夹8个、平衡桥2个、敲击乐器。

（8）活动规则。

①幼儿根据声音做出不同动作。

②教师从旁协助幼儿完成。

（9）操作方式。

①教师提前准备好开展游戏活动需要用到的教具。

②教师辅助幼儿脱掉鞋子并整理好衣物，取掉身上的尖锐物品。

③利用有声响的玩具（铃鼓），让幼儿进行停、走、爬的动作。

例如：拍打铃鼓——爬；摇动铃鼓——走；铃声停止——停止动作。

④先将体能棒、半砖、棒夹组合成高低不同的障碍及出口，儿童模仿小乌龟在地上爬行，钻进洞里找食物。

⑤针对年龄较小的儿童，教师可利用会滚动或会发出声响的玩具来吸引儿童爬过，也可在路径内摆放儿童喜爱的物品吸引儿童爬行。

⑥直到活动时间结束或次数完成，游戏终止。

⑦教师告知儿童游戏结束，辅助儿童起身并整理好衣物。

（10）活动模式：一对一或一对多。

（11）活动延伸：利用地板软垫搭盖山洞或体能圈等让孩子进行钻爬活动。

（12）活动补充。

①在进行爬的动作时，教师要留意幼儿的头是否抬高，四肢移动时可否做到左右协调。

②年龄较大的孩子可用角色扮演的方式进行此项游戏活动。

感觉统合游戏教案八（小班）

（1）类别：视听觉。

（2）针对年龄群体：3～4岁儿童。

（3）游戏意图：刺激听动知觉的能力。

（4）游戏名称：动物狂欢节。

（5）游戏时间：40分钟。

（6）游戏目标。

①培养绕跑、跳跃的身体动作。

②提升身体动作与速度方向的控制力。

（7）活动准备：体能环（35 cm）6个、体能环（60 cm）6个、敲击乐器。

（8）活动规则。

①根据设置的障碍来完成游戏。

②教师可从旁协助儿童完成。

（9）操作方式。

①教师提前准备好开展游戏活动需要用到的教具。

②教师辅助儿童脱掉鞋子并整理好衣物，取掉身上的尖锐物品。

③将大小不同的体能环不规则放置在地上，并告诉儿童圆圈圈（体能环）就是小动物的家，教师则扮演狮子。

本章首先对常见特殊儿童类型的特点和训练对策进行了阐述，以脑瘫儿童作为重点以及个人案例来展示体育艺术结合感觉统合训练的效果，其作为一种新兴的手段，对特殊儿童的感觉统合发展有着重要作用。

1. 特殊儿童的概念及特点。

2. 脑瘫儿童的特点及感觉统合训练对策。

3. 结合实际案例，设计有关体育艺术与感觉统合相结合的教案。

参考文献

[1] AYRES A J. Improving academic scores through sensory integration [J]. journal of learning disabilities，1972，5(6).

[2] 王和平．特殊儿童的感觉统合训练[M]．2版．北京：北京大学出版社，2019.

[3] 国内首部《学龄前儿童（3～6岁）运动指南》在京发布[EB/OL]．（2018-06-09）[2022-12-19].http://www.gov.cn/xinwen/2018-06/09/content_5297480.htm.

[4] 关于印发健康中国行动——儿童青少年心理健康行动方案（2019—2022年）的通知[EB/OL]．（2019-12-27）[2022-12-19]．http://www.gov.cn/xinwen/2019-12/27/content_5464437.htm.

[5] 李俊平．图解儿童感觉统合训练：全彩图解实操版[M]．北京：朝华出版社，2018.

[6] 王维浩．视觉想象[M]．长春：吉林科学技术出版社，2017.

[7] 向源．自闭症儿童与普通儿童动作发展水平的对比研究[D]．武汉：华中师范大学，2019.

[8] 李敏，马鸿韬．体育艺术基本理论体系构建："体育艺术"概念辨析[J]．北京体育大学学报，2011(5).

[9] 教育部．3-6岁儿童学习与发展指南[M]．北京：首都师范大学出版社，2012.

[10] 谬洋．幼儿徒手体育游戏活动的创编[J]．体育师友，2019(10).

[11] 全国体育学院教材编写组．运动生理学[M]．北京：人民体育出版社，1996.

[12] 浅析体育教学中放松活动的重要性 心理学在体育课放松活动环节的运用[C]//浙江省心理卫生协会第十二届学术年会暨浙江省第三届心理咨询师大会学术论文集．杭州：浙江省科学技术协会，2017.

[13] 顾荣芳．学前儿童健康教育论[M]．南京：江苏教育出版社，2009.

[14] 李建学．感觉统合训练器械在幼儿园体育游戏中的运用[J]．基础教育研究，2017(7).

[15] 彭坤，朱炜森．幼儿体育艺术类课程资源的开发[J]．当代体育科技，2022，12(24).

[16] 孙泉．小学低年级体育活动中开展感觉统合训练的可行性研究[D]．上海：上海师范大

学，2010.

[17]   张嘉堃，陈宇婷，单亚萍．中学大课间操的对策研究[J]．当代体育科技，2018，8(22).

[18]   张利芳．动作发展视角下的幼儿体育游戏创编探究：以操作性技能为例[J]．当代体育
        科技，2018，8(21).

[19]   刘洪新．体育游戏创编流程探究[J]．青少年体育，2016(8).

[20]   吴俊杰．篮球教学训练存在的问题与对策分析[J]．青少年体育，2016(8).

[21]   郭君娜．幼儿园自制器械在体育教学活动中的应用[J]．学园，2021，14(5).

[22]   ROSENBAUM P, PANETH N, LEVITON A, et al. A report: the definition and classificati
        on of cerebral palsy April 2006[J]. Dev Med Child Neurol，2007，49(6).

[23]   邓猛．融合教育：理论反思与本土化探索[M]．北京：北京大学出版社，2014.

[24]   姜美玲．学龄前脑瘫儿童注意缺陷多动障碍症状的临床特征与感觉统合干预疗效探究
        [D]．佳木斯：佳木斯大学，2020.